文庫ぎんが堂

犬がくれた「ありがとう」の涙

ある保護犬ボランティアの手記

篠原淳美

イースト・プレス

はじめに

一心(いっしん)、犬種はボストン・テリアで13才になる。本文中に登場するが、心の傷や運動機能はリハビリにより回復したものの、先天的な知的障害があり「座れ」など人が出す簡単な指示は理解できない子だった。

しかし、他の犬を守ろうとする強さと、初めて会う保護犬を争うことなく迎え入れる優しさは本能的に兼ね備えていて、ボス的存在である。

一心を我が家に迎えてから十二年、愛犬として暮らしてきたが、二〇十五年に急性白血病におかされ、発病してからわずか三日後、治療のかいなく私の腕の中で召されてしまった。

私はもちろん、共に暮らした子供たちの悲しみは、言葉では到底表せない。

一心の死から一年後のことである。

「お母さん!!　凜音(りんね)が大変!!　もうダメかも知れない」

末娘から私の仕事場に悲痛な電話がかかってきた。

「ダメかも知れないってどういうこと!? 具合が悪そうな様子はなかったじゃない!」

ご飯を食べさせる準備をしている時に、いつものごとく凜音は、

『わーい! ご飯がもらえるー!』

とばかりにはしゃいでいた。

だが、食事後、急になんの予兆もなくバタリと倒れ、その後、呼びかけてもなんの反応もない、というのだ。

凜音はボストン・テリアで、元保護犬だ。ボストン・テリアは、体形ごとにビッグ、ラージ、スモールと三種に分けられていて、ほとんどのボストン・テリアは体重が五キログラムから七キログラム位までのラージサイズだが、凜音の体重は三・五キログラムで、スモールに分類される。

どんな理由があって手放されたのかは定かではないが、色々な人の助けがあって十四年前に私と出会う。

健康的に何もなければ、新しい家族を探して譲渡するのだが、凜音には少し問題があった。

見た目が悪い。といっても不細工だというわけではなく、身体に比べて頭が大き過ぎるのだ。また、ボストン・テリアはクリッとした丸くて大きめの目をしているが、凛音はただ目が大きいだけではなく、眼球が半分ほど飛び出しているように見えた。

「水頭症があるかも知れないな」

長年、色々な病気を抱えた犬たちと接してきた経験から、初めて凛音を見た時の私の判断である。

健康診断の結果、やはり健康な犬よりも頭囲が大きく、大泉門（前頭部にある頭蓋骨のすきま）が開いていてその皮膚はパンと張っており、少量ではあるが脳や脊髄を循環する脳脊髄液が脳室に増えていることが判明、水頭症との診断が下った。

そのために里子には出さず、私の愛犬として暮らしていた。水頭症には重篤な症状があるが、本当に幸いなことに凛音にはそれ等の症状は出ず、普段の生活の中で注意することはあったものの健康的に日々を過ごしていた。

そんな凛音がダメかも知れない！？　青天の霹靂とはまさにこういうことを言うのだろう。

末娘は私と電話で話しながら、動物病院へ向かう準備をしているとのことだった。

「凜音ーーー!! 凜ちゃーーん!! しっかりして!!」

末娘の泣き声が聞こえる。普段から私は子供たちに犬の救命措置方法を教えていたため、娘は必死になってそれを施していた。

しかし、凜音はその目を二度とあけることはなかった……。

心筋梗塞(しんきんこうそく)や心臓麻痺(しんぞうまひ)のような急逝してしまう病気で亡くなったのだろうと主治医から聞かされた。だが、今までの健康診断で心臓に異常があると言われていたわけでもなく、死後、詳しく調べたわけでもないので、本当の死因は分からない。

二〇十五年、六月のことであった。

私がそばにいても凜音は助からなかっただろうが、仕事で家をあけており、十四年間、共に暮らした子に何もしてあげられなかったこと、何より凜音がいなくなってしまったことを私はすぐには受け入れられなかった。

一心に続き、凜音まで失くしてしまったのだ。仕事中は何とか気力をふりしぼって悲しみを耐えたが、休憩時間になると、とめどなく涙が溢れ、おさえることができない。タオルで涙をぬぐっていた時である。

「ンギャァアアーーー！！」

という叫び声が数度響いた。

瞬間的に、猫の叫び声だ！　とわかった私は、慌てて外に飛び出す。

果たしてそこには、生後一ヶ月前後であろう子猫が二匹、怯えきった様子で右往左往していた。

二匹共に、きれいな茶トラでスラリと長い尾であることから、男の子かなと思った。遺伝的に三毛猫には雌が滅多にいないように、茶トラの毛色の猫はスラリとした長い尾には雄が多いからだ。

私は仕事仲間と一緒に、汗だくになりながら二匹の子猫を捕まえて保護した。

私たち人間も含めて、見知らぬ場所に生まれてはじめてポイと取り残されたら、不安、焦り、怯えなどからパニックを起こす。子猫たちはまさにその状態だった。

私はすぐに小さいサークルを用意し、身を隠せるようにバスタオルでスッポリと覆って、子猫たちが落ち着くのを待ってから、動物病院へ連れて行った。

血液検査を含めて健康診断をしてもらったが、幸いなことに怪我や病気はなく、生後一ヶ月半くらいだった。母猫から引き離され、初めての外で置き去りにされたのだろう、パニックに陥ったすぐ後に私に保護されたことになる。

凜音が急逝したその日に出会うなんて、もし神様がいるのならその采配だと私は思った。今まで本当にたくさんの犬や猫を保護し、そして看取っても来たが、誰かが亡くなった同日に保護するなんて、一度もなかったからだ。

縁（えにし）、文字で現すとたった一文字で、よく使われる言葉でもあるからそれを深く考える機会はほとんどなかったが、今回ばかりは実感させられた。

相手が人間であろうが動物であろうが、あまたいる中でお互いが誰かに選ばれたかの様に、または引き寄せあったかの様に出会うなんて、ただの偶然ではない。

出会った瞬間、もしくはその前から相手とは縁という見えないもので繋がっていて、それは本当に大切にすべきなのだ。私には、急逝した凜音のはからいとも思えた。

私は、奇跡に近い縁で結ばれた子猫たちとの出会いを、今まで以上に大切にしようと思った。

この時に保護した二匹の子猫たちは、一心と凜音から一文字ずつ頂いた名前をつけて、私の家族として暮らしている。

犬がくれた「ありがとう」の涙　目次

第一話　犬への恐怖を愛に変える

私が犬に関わるようになってからの二十四年間。私は、生徒の愛犬、保護犬、そして、私の愛犬になった犬たちがどんなに困難な問題を抱えていても、問題解決に当たって、ただの一度もあきらめることをしなかった。

もし、犬の心が傷ついてしまっている場合、崩壊する直前まで近づくと、それ以上の深手を負わないように犬自身が手だてをこうじるので、傷が深ければ深いほど、心を守っている扉はより固く閉じられていることが多いものだ。

それでも、その犬にたずさわる私たち人間が、何年かかろうともあきらめなければ、犬が負った心の傷はいつか癒え、そして固く閉ざした心の扉を彼らは開いてくれた。だから私も、決してあきらめることをしなかったのである。

私は、開室しているスクールを、ワンクール以降の参加は何回来てくださっても全て無料にしている。その理由は、スクールが終了した後でもずっと相談にのらせていただきたいからだ。一生懸命に愛犬と向き合う生徒家族を、まだ治療やしつけがすんでいない時点で卒業させてしまうのは無責任でもあるし、一度関わった犬のことは、問題行動が治る、もしくは軽減するまで決してあきらめないと心に誓っている。

私のスクールに通ってきた生徒たちには、犬の心理学、行動学、習性学などを学んでいただいている。さらに、その家族のライフスタイルや家族を構成している方々それぞれの性格、犬の性格や特性に合わせた指導をし、技術を教授して、家族が一丸となって問題解決を目指すのだ。

生徒自身があきらめてしまわないかぎり、過去のどの例をとっても権勢症候群（説明は後述）に関しては治った、もしくは、スクール入室時よりもその症状はかなり軽減した。

でも、今からお話しさせていただく犬の場合、最初に会った時の印象は、正直、「参ったな……」の一言だった。

私はスクールで犬のしつけ方を教えるほかに、飼い主に捨てられたり、収容所に入れられてしまったり、また、悪徳な繁殖業者のもとにいた犬たちを引き取り、心のケアをして、可愛がってくれる新しい家族を探す、といった活動を、二十二年前からしている。

ここで誤解していただきたくないのは、繁殖業者から、出産できなくなった、または種雄として使えなくなった犬たちを無条件で引き取っているわけではない、ということだ。

こういった犬たちは思わず目をそらしたくなってしまうほど汚い環境に置かれていたり、心を固く閉じてしまっていたりと、つらい生活を強いられていることが大変に多い。

だが、繁殖業者がいらなくなった犬を無条件で引き取っていたら、空いたケージにまた新たな繁殖犬が入れられることになり、結果的に繁殖業者を助けることになってしまう。繁殖業者を助ければ、さらに不幸な犬を増やすことになるのだ。だから、廃業するという業者からしか犬の引き取りはしていない。

このような活動をしていると、住所を明かせなくなる。なぜなら、我が家の前に子犬や子猫はもちろん、成犬までもが家の物置の横につながれていたこともあったが、そんな風に捨てられていくからだ。

どこで私の住所を聞きつけたのかは不明で、こういったことは今まで何十回とあった。このような事情から、大変に申し訳ないと思いつつも、開設しているホームページを見て連絡をくださった方とだけ、直接お話しするようにしている。

私が思わず「参ったな……」と思った犬の飼い主も、そういった手順を踏んで私に連絡してきてくれたご家族だった。

いただいたメールを読んだ私は、直接電話で話を聞いたほうが早いなと判断し、電話をくださるようお願いした。電話はすぐにかかってきた。

「お電話ありがとうございます。詳しい内容をおうかがいできますか？」

「こんにちは、突然にすみません。実は……、愛犬に唸(うな)られたり噛(か)みつかれたりしています。ほとほと困り果ててメールさせていただきました。できればお教室に入れていただいて、治したいと思っているのですが……」

「そうですか。犬種は何ですか？」

「秋田犬です」

「えっ、秋田犬ですか？　どこにお住まいですか？」

「茨城県です」

「特定犬に指定されていることはご存じですか？」

「はい、知っています。ですからうちでは丈夫な犬舎のなかで生活させています」

特定犬とは、茨城県の県条例で定められているもので、秋田犬や土佐犬を始めとした大型犬（前足の一番下から肩の骨の位置までの高さが六十センチ以上、体長は七十センチ以上の犬）は、鍵のかかる檻で、厳重な管理のもと、飼わなければいけない、という内容の条例である。

当時我が家にはグレート・デーン二頭とアフガン・ハウンド一頭がおり、もちろん丈夫な犬舎を作って犬舎のドアには鍵を取りつけていた。犬舎は私の部屋のサッシのドアとつながっていたため、ドッグランで自由運動をしている時やお出かけの意外は、そのほとんどを私の自室で過ごしていた。つまり、犬舎よりも、私の部屋が鍵のかかる檻の役目を果たしていたのだ。

特定犬制度を知っていて、それに従い犬舎を作って愛犬と生活している飼い主ならば、ちょっと間違ったしつけ方をしてしまい、権勢症候群になったとしても、あきらめずに治せるだろうと思った。だが、彼らの愛犬、「信元」に出ていた症状は、私が思ったよりも深刻なものだった。

権勢症候群の説明を少ししよう。犬は縦社会を築いて生活するが、育て方によって、一緒に生活している人間が犬より下位になってしまうことがある。これは非常に多い現象で、私のスクールに通ってくる飼い主家族の大半がそうであるといっても過言ではない。

愛くるしい子犬がいよいよ成犬に成長すると、犬は群れ（家族）の一員として自らの地位を確立するようになる。その時に犬が人間よりも上位だと思い、実際にそうなってしまうと、犬は常に自分の群れの統率をはかろうとし、犬の習性に合わせた生活を人間に強要しようとするのだ。

具体的な症状をあげると、例えば、ボス犬をまたいで歩いたり、くわえているものを取りあげたり、犬が嫌だと思っていること（ブラッシングや爪切りなど、嫌がることは個々で違いがある）をすると、噛みついてくるのだ。

昨日は十分間なでていたのに今日は五分ほどで唸りはじめた、ということもある。この場合は、なでる時間をボス犬が決めているために、時間にムラがでるのである。ボス犬の「もうなでるのをやめろ」という命令に従わなければ、噛みついてくる。

前記したいくつかの行為は、上位にいる犬に対して大変に失礼な行動で、そういった行動を下位の人間がとった場合、「それは上位者に対して失礼だぞ」と教えるために、犬は唸って脅かしたり噛みついたりして人間を指導するのだ。

ひどい場合は、人間がその場で立ちあがったり、リビングなどを歩き回る、または犬の前を通っただけでも威嚇し、威嚇に従わないと飛びかかって噛みつくようになってしまった犬もいる。まだまだ症状はあるが、代表的な権勢症候群の症状をあげさせていただいた。

こうなってしまっては、いくら愛犬を大切に思っている飼い主家族であっても、音をあげるのは当然だ。これからどうやって生活していこうか……と思い悩むのも理解できる。

しかし、縦社会を築くという犬の特性を知らずに、愛犬を上位に立たせたのは飼い主家族の責任であることを忘れてはならない。噛みつく犬の方が悪いと考えて、収容所に入れてしまった飼い主を実際に知っているが、まったくもって言語道断。「犬は経験したことが全て」で、そのような経験をさせたのは飼い主なのである。

また、群れを統率するために飼い主家族に唸ったり噛みついたりするのは、自分よりも下位の犬（この場合は群れを構成している人間）に、犬としての習性を身につけてもらおうというボス犬の配慮であり、群れの統率をはかるには必要不可欠な大切な仕事なのだ。

権勢症候群になった犬、つまりボス犬になった犬は、「群れを守る」という重責を負うことになる。この群れを守るという責任は、そのあまりの重さゆえに強いストレスがかかり、そのストレスは犬の寿命を二年から五年も縮めるといわれているほどだ。

信元には、噛みつくといった症状のほか、散歩では気分によって突然歩かなくなる、食べ物への執着は少ないが、ドッグフードをあげる時に「ボスの食べ物に手をふれるな」と唸る、ブラッシングは怒ってできない、など、さまざまな問題行動が出ていた。

電話で大まかな話を聞いた私は、とりあえず信元を連れてうちに来てください、と申し出た。いつもなら、飼い主家族の権勢症候群を治そうという意欲が私に伝わってくれば、スクールに入室してもらっているのだが、今回の場合、何せ相手は大型の秋田犬で、性格にもかなり特性がある犬種だ。とにもかくにも、信元の性格を見せてもらわねば何も言えないと思い、スクール入室前に、一度来ていただくことにしたのだ。

秋田犬は、体重三十四〜五十キロ、体高六十〜七十センチもあり、あらゆる日本犬のなかで最も大型の犬種である。かつては闘犬として飼育されていたが、闘犬が衰退すると同時に狩猟犬として活躍するようになった。一九三〇年代にはその数が激減し、絶滅の危機にさらされたが、日本犬保存会が設立されたことによって生き延びることができた。

　顔に比べるとピンと立った耳は小さめで、尾は背に向かってゆるやかに巻いている。毛色は、よく見かけるのは白、茶と白、黒と白などだが、まだらやブリンドル（虎のように茶に黒の縞）など、全てのカラーが認められている。

　マズル（鼻のつけ根から鼻先）は比較的つまっており、その風貌は実に堂々としていて、闘犬や狩猟犬として活躍してきた力強さを感じ取ることができる。

　多くは落ち着いた性質をしているが、なかには神経質や臆病などといった扱いが難しい個体も存在する。生まれつき感情を表に出さないことが多く、他人にはなつきづらいといった特性もあるので、しつけには根気が必要だ。また、他の犬種と比べてオスは他犬とケンカしやすい傾向があり、初心者向きの犬種ではないといえよう。

　しかし、どんな性質の犬種であっても、例外や個体差はあるし、飼い主の育て方も大きく関わってくるので、この犬種のよさを最大限に引き出せる人が育てれば、とても心優しいコンパニオンドッグに育つ。

「いらっしゃい」

　私は笑顔で信元ご家族を迎えた。いらっしゃったのは、ご主人、奥さん、そして二十代の娘さんの三人。ご主人と娘さんはごく普通の体型だが、奥さんはとても華奢（きゃしゃ）で、女優の大竹しのぶさん似の美人。物腰が柔らかく、声質はか細くて高かった。

この奥さんが万が一にでも秋田犬に引かれたら、それこそひとたまりもないであろう。何とかしなきゃ……、私はそう思いつつ、教室にあがっていただいた。

「こんにちは、初めまして。今日はわざわざお呼び立てしてすみません」

私がそう言うと、三人が口をそろえて、

「いえいえ、スクールの日でもないのに見ていただいて、本当にすみません」

と頭を下げた。礼儀正しいキチッとしたご家族だ。

「さて、電話でかなりお聞きしましたが、私がお話ししたのは奥様だけですし、ご主人や娘さんが感じていることもお聞きしたいと思いますので、包み隠さず、詳しくこの次第を教えていただけますか？」

「はい、わかりました」

まずご主人がそう答え、愛犬信元が自分に対してどのような行動を取り、そして今までどんな対処をしてきたかを話しはじめた。

信元は、わずか生後三十五日で母犬、兄弟犬から離されこの家に来た。友達の知人から譲ってもらったそうだ。幼い頃から噛み癖があり、噛みつかれるたびに叱ってはいたものの治らず、生後四ヶ月になると中型犬クラスの大きさに育った。

この大きさまで育つと、たんなる噛み癖とは言っていられなくなる。噛みつかれれば当然のごとく鋭い痛みが走り、こんなに叱っているのに、自分はこんなに信元のことを愛しているのに……と思うと、いてもたってもいられなくなった。

それが激しい怒りにかわり、「こんなにやっているのにどうして治らないんだ！」と、何度か殴ってしまったそうだ。その時の信元は、恐怖に身を震わせながらもさらに激しく向かってきたそうである。

私には、ご主人の気持ちがよく理解できた。それは、たくさんの犬たちとつきあったなかで、まだ私が初心者だった頃に何度もぶつかってきた壁と同じだったからである。

私は、犬に何かを教える時、殴る蹴る、または棒を使うなど、体に痛みを加える必要はまったくないと考えている。それどころか、痛みを加えることは犬の心を裏切り、とても傷つける行為であると断言する。

なぜならば、そういった間違ったしつけを受けた保護犬たちの心のリハビリをたくさん経験してきたからだ。そのなかには、人間の手足が何よりも怖い武器と認識し、手足を見ると噛みついてくるようになってしまった犬や、「座れ」が上手にできず、失敗するたびに頭を殴られた結果、座った時にいつも身を縮める犬、人が頭をなでようとするだけで殴られると思い逃げまどう犬もいた。

犬の心のリハビリや、権勢症候群の治療において、私は絶対に犬の体に痛みを加える方法はとっていない。それでも、私が教えた方法でひどい噛みつきを治した生徒は数多くいるし、私も暴力などふるわずに保護犬たちの噛みつきを治してきた。この事実はまさに、暴力は必要ない、という証である。

しかし、相手は機械ではないので、これをしたからすぐに治ります、といったものでもない。治療にかなりの時間を要する場合があり、こんなにやっているのに、こんなに思っているのに、なぜ私の気持ちが伝わらないのだろうと、こちらも泣きたくなることがある。一度そう思ってしまうと、なかなかそこから抜け出せなくなる場合が多い。

でも、話を聞いてもらえる相手や、いつか必ず犬は心を開いてくれるよ、といったアドバイスがあると、治療にあたっている人の気持ちはとても軽くなるものだ。

以前私は、こんなことを言われた。

「スクールを開き、飼い主に犬のしつけ方を教える立場にいる人は、愚痴をこぼしてはいけない」と。

果たして、そうだろうか？　私も皆さんと同じ人間である。いつも平常心でいられることはない。くじけそうになる時も、もう嫌だ、と思う時だってある。そういう時は、自分の気持ちを親友にじっくりと聞いてもらう。そうすることで、自分の心を少し休ませて、前向きな気持ちになり、再度、真正面から犬と取り組むことができるのだ。

私は、私自身が色々な意味で生徒と同じ経験をしているからこそ、生徒と同じ目線に立てる。同じ目線に立って、私だってそう思ったことが何度もあるよと伝えると、ともすればあきらめてしまおうとしている生徒の気持ちを止めることもできるのだ。

いくらでも愚痴や泣き言は聞く。でも、決してあきらめてはいけないとハッパをかける、これが私の指導の基盤である。

さて、奥さんは、というと……。

「信元、ご飯よ」

優しく声をかけながら、フードボール（ドッグフードを入れる器）を持って犬舎に入る。犬舎は六畳ほどの広さのある立派なもので、信元は、その端にいた。ドッグフードを入れたフードボールをいつものところに置こうと、奥さんが信元に背を向けて座った時である。

背後から、「ヴウゥゥ」という低い唸り声が聞こえ、信元が近づいてくる気配を感じた。

とたんに、奥さんの体は恐怖で凍りついた。

「信元、やめて！」

そう叫ぼうとしたが、声にならない。振り向くこともできず、信元がどのような行動をとるのかに全神経を注ぐと同時に、冷や汗がドッと噴き出し、体は小刻みに震えだした。

奥さんはそのままジイッと動かずにいた。いや、あまりの恐怖に動けずにいた、というほうが正しい。信元はそんな奥さんの背後にさらに迫り、座り込んでいる奥さんの両肩に自分の両前足をのせて押さえると、耳元まで鼻面を寄せ何度か低く唸った後、スッと離れた。その瞬間、奥さんは脱兎のごとく犬舎を飛び出した。

奥さんが経験したこの出来事を、自分だったら、と想像してほしい。完全に無防備な体勢である背後から、しかも座った状態で、日本犬のなかで最も大型の秋田犬に本気で襲われたなら、命を落とす可能性は充分にある。

しかし、動けなくなったのは幸いだった。もし奥さんが立ちあがったりしたら、または、クルリと振り向いて何かをしようとしたら、信元は確実に奥さんを襲っていただろう。私はこの話を聞いて思わず背筋が寒くなり、ブルルッと身震いした。

娘さんは、信元のことがとにかく好きだ。でも、どう扱ってよいのかわからない、もし、信元が抱えてしまった問題点が改善されるならば、噛みつかれてもいいと、気丈に話す。

「家族に噛みつくという強い一面があるのに、散歩の時なんか、後ろから車が来たり、初めての道を散歩したりすると、ビクビクして動けなくなったりするんです」

ご主人は大きなため息とともに、今までためていた思いを吐き出すようにそう話してくれた。奥さんも娘さんも、困った表情を浮かべながら一様にうなずいている。

ご主人は、信元の性格はとても強気だと判断していたが、私の見解は違った。ご主人が強く叱った時に激しい恐怖心を剥き出しにして噛みついてきたこと、車や知らない道を怖がり歩けなくなってしまうこと、それはまさに、信元が精神的に強いのではなく、弱く繊細で、神経質な部分があることをうかがわせる事実だった。

また、そういった精神面の弱さだけでなく、顕著な権勢症候群の症状も見られるが、問題はそればかりではないようだ。

残念なことに、現在、犬の習性を完全に無視した売り方をしている店が多い。あまりにも幼い子犬が店頭に並べられているのだ。その多くは、生後一ヶ月半になると母犬から離されている。しかし本来、犬という動物は、ボス犬に対抗できる強いオス犬でないかぎり、群れから離れず母犬や兄弟犬とともに過ごし、社会性を学ぶのだ。

社会性とは、犬が築く縦社会のなかで生きてゆくためのルールである。上位者に対する行動や戦い方、カーミングシグナル（犬の行動で、相手に自分の意思を伝えるもの）、相手に対する力加減などだ。知らなければ群れのなかでは生きられない大切なものである。

最低でも生後三ヶ月までは母犬、兄弟犬と一緒に育ち学び合わないと、一番大切な社会性を身につけられない。すると、母犬や兄弟犬のかわりに人間を群れとして生きる場合においても、人間と正常な関係を作れない事態が多々出てきてしまう。

それでも、子犬を迎えた人間が犬の習性学や行動学をしっかりと学び、母犬や兄弟犬に成りかわって愛犬に犬の社会性を身につけさせられるような生活ができればいい。だが、それができる人はなかなかいないのが現状だ。

それどころか、人間が犬よりも上位者である振る舞いをしない場合が多く、そうなると、犬が成長した時に、人間は弱い、守らねばならない、自分が子孫を残さねばならないと本能の部分で思うようになり、権勢症候群を引き起こすのだ。

群れを作り、皆で協力して獲物を狩る。そして、強いオスが強いメスと交配して、より強い遺伝子を残す。これは群れの存続をかけた行為であり、本能に強く刻み込まれている。自然という厳しい世界で群れを作って生きる動物は、こういった本能を発達させないと自分の子孫を残せなかった。子孫を残せなければ群れの存続はあり得ない。

群れの結束がどれだけ固いか、誰が中心になって群れの統率をはかるかという点も、群れの存続に大いに関わる問題だ。縦社会というのは、確実に生き残れるように発達させた効率のよい生活様式なのである。

だから、成長したオスは誰よりも強くなって上位に立とうとするし、足をあげてより高い位置にマーキング（オシッコをひっかけて歩く）をして自分の存在を知らせようとしたり、番犬をして侵入者を追い出したりと、自分の縄張りを主張するようになるのである。

信元は、生後わずか三十五日で親元を離された。そんなに幼い時期に独り立ちさせられたのでは、当然、犬社会の基本的なルールは学べなかったし、飼い主家族にも、信元に社会性が身につくような生活をさせる知識や技術はなかった。

信元は、きっとご主人よりも自分が上位であるとは思っていないだろう。たとえ噛みつくという行動をとったにしても、それは保身の攻撃である可能性が強い。だって、牙をむきながらも恐怖心でプルプルと震えるのだから。しかし、少なくても、奥さんや娘さんに対しては、その行動から自分が上位であると認識しているふしがある。

「今まで、信元が吠えると犬舎に見にいくとか、欲しがるようなしぐさを見せたらおやつを与えてきたとか、そういったことはしてきませんでしたか？」

私はそう聞いた。それに対して奥さんが、

「吠えると、どうしたのと声をかけながら犬舎に様子を見にいっています。おやつを与えることもあります」

私は思わず苦笑した。吠えるという作業は、自らが家族の側に行けない犬舎ぐらしの信元にとっては、『来い』という命令だ。おやつも、食べたいと思った時に『おやつを持ってこい』と吠えたら、その命令に従って家族はおやつを持ってきた。犬の命令に従う、こんな生活では、信元が家族より上位者であると認識するのは当然だ。

「信元が噛みつくようになってしまった原因や、皆さんの生活の仕方などだいたいのことはわかりました。では、信元に会わせてもらえますか？」

娘さんは車のドアを開けると、「信元、出ておいで」と声をかけながら後部座席に座っていた信元につけてあるリードを引いた。信元は少し落ち着かない様子を見せながらも、後部座席から私の家の庭に降りる。

「大きいねえ、さすが秋田犬」

私はゆっくりと、そして静かな低めの声でそう言った。こういう時に、早口で大きく高い、はしゃぐような声を出すと、犬は驚き、興奮しやすくなってしまう。知らない場所だろうけれど、何も怖くはないんだよ。私はそういう意味を込めて、声のトーンを下げた。

信元の毛色は全体的に白く、ブルーがかった灰色の毛がグラデーションを描くよう

にところどころに入っている、とてもきれいな犬だった。でも、短い毛のなかから、秋田犬にはない長い毛がフワフワと生えている場所があり、また、マズルも秋田犬のブリードスタンダード（個々の犬種のなかで最もよいとされている性格、容姿、性質、動作の犬）と比べると長かった。これは、繁殖の悪さをうかがわせるものである。

私は、どんな容姿をしていても、我が愛犬が一番可愛い性格、容姿をしていると思っているし、容姿についてはブリードスタンダードにこだわってはいない。ただ、受け継がれてくる性質、遺伝性疾患などといったものは、ブリードスタンダードに近ければ近いほど少なくなることを、忘れないでほしい。ブリードスタンダードがなぜ大切かというのは、まさにここにその理由があるのである。

ただし、なかにはその容姿だけにこだわり、次世代に発病する可能性がある遺伝的疾患がある犬が、繁殖犬として子を産まされている場合があるので、それには最大の注意を払いたい。でないと、ブリードスタンダードに近い容姿であっても、テンカンや、寿命に関わるような遺伝性の病気を発病してしまう可能性があるからだ。

庭に立つ信元を見た時、私にはこの犬が飼い主に唸り、そして噛みついているようにも、気弱にも見えなかった。秋田犬にはない身体的特徴は多少あるものの、実に堂々としていて風格があり、とても落ち着いて見えたのだ。

私はゆっくりと信元に近づくと、横に立ち、信元が自分の視界からはずれない程度の角度で背を向けて、さらにゆっくりとした動作で座る。信元は目をキョロリと動かして私をチラリと見たが、すぐに視線を真っ直ぐ前に向け、知らぬふりをしていた。

犬がこちらを直視しない、顔をそむけるといった動作は、通常であればあなたと争う気持ちはないというカーミングシグナルである。しかし、幼くして母犬兄弟犬と離されて、犬の社会性を学べなかった信元が、カーミングシグナルを出しているかどうかはわからない。

（きっと信元は怒らない。信元の性格を教えて。そうしないと、あなたは家族と暮らせなくなるかもしれないの）

私は心のなかでつぶやきながら、目を合わせずに信元に声をかけた。

「初めまして。今日はよく来てくれたね。ここは色々な犬のにおいがするだろうけど、決して怖くない場所だから、安心してね」

私が話した言葉が信元に理解できる、とは言わない。でも、声のトーンから私が怒っているわけでも脅かそうとしているわけでもなく、仲良く挨拶したいのだと伝えたかった。

しかし、信元は低く唸りだした。これはあきらかに、側に寄るなという意味である。私の背後に信元の唸り声が響く。

「ウウゥゥゥウ、グウゥゥゥ」

信元が犬舎のなかで奥さんを脅かした場面が、パッと頭のなかに浮かび、恐怖が全身を走る。ましてや、私は奥さんより条件が悪い。信元は知らない場所に連れてこられているのだし、私とは初めて会ったのだ。また、他人を寄せつけないといった日本犬特有の性格だってあるはず。娘さんが信元につけられたリードをしっかりと握ってくれていることだけが、私の唯一の安心材料だった。

(もう離れるから、襲ってくれるなよ)

心のなかでそう願いながら、実にゆっくりとした動作で座ったままジリジリと前に進み、信元からはもう届かないという距離が確保できたことを確認してから、立ちあがった。

信元に唸られたことは、確かに震えるほど怖かった。でも、それは大きな問題ではないと判断した。前記したように、家族にでさえ意外とそっけない態度をとるのが秋田犬の性質だ。知らない人間となれば、受け入れられなくて当然である。

問題点をあげるとすれば、家族が傍にいるのに、自らを、または家族を、信元自身が守ろうとしたことだ。人間よりも下位にいる犬ならば、私が近づいたことが怖かったら、ボスである家族の後ろに隠れるとか、隠れながら吠えるとか、後ずさりするとか、そういった態度に出るはずだ。しかし、信元はそれをしなかった。

「歩かせてもらえますか？」

「はい」

リードを持っていた娘さんは、

「信元、行くよ」

少し強い調子で声をかけてから、信元につけてあるリードを引いた。信元は、最初は歩きはじめたが、すぐに動かなくなる。

「こら、信元、動いてよ」

そんな娘さんの声など耳に入っていないようだ。私は、動かなくなった信元の様子をジッと観察する。信元の後ろ両足が小刻みに震えていた。

「はい、もういいですよ。では信元を車のなかに戻してあげてください」

えっ、もういいの？　というような表情を浮かべたご家族に、

「信元、相当怖いみたい。だから車に戻してあげて」

と、再度、車に戻すよう促した。

家族に向かっては唸り噛みつく。しかし、一歩外に出ると、後ろ足が震えるほど怖がりな面がある。こういった犬は、強く叱れば恐怖心を抱く。だが、信元がここまで飼い主家族を脅かしている現状では、治す時において叱らねばならない場面も当然出てくるだろう。

信元の様子を細かく観察し、そしてその様子からどういった対処法がよいかを素早く判断しなければならない。これをするには、高度な観察力と技術が必要であることを、四百頭以上もの犬たちと関わってきた私はよく知っている。

ただでさえ訓練には時間と根気のいる犬種の上に、幼少期にまったく社会性を学べず、本気になれば人間だって噛み殺せる体格も持っている。信元と、この家族の行く末を真剣に考えねばならない。私が、「参った……」と思ったのは、この時である。ご主人と奥さんだけで後日また来てくださいとお願いし、この日は帰っていただいた。

数日後の夕方、約束通りの時間にご夫妻は来てくださった。

「何度もお呼び立てしてすみません。信元が抱えてしまった問題を治せるかもしれないと言って料金をいただき、入室していただくのは簡単です。でも私は、ただお金が欲しくてスクールをやっているわけではありません。ですから、信元の性格を見せていただいた上で、私の率直な意見を言わせてください」

ご夫妻二人で来ていただいたのにはわけがある。娘さんは信元が天寿を全うするまで、その家にいるとはかぎらないからだ。結婚して家を出る可能性は大いにあるし、職場がかわって家を離れるかもしれない。前回同行してきた娘さんが家を出ることになった時に信元の面倒を見ていくのは、ご夫妻二人であり、なかでも関わりが多い分奥さんが中心になることになる。

信元の持って生まれた性質のほか、完全なる権勢症候群であること、下位の者を指導するために脅かすにしても度を超えていること、それでいて気が弱いこと。秋田という犬の性質、信元の育ちなど、問題の起因と思われる事項の全てを話した。

「叱るにしても褒めるにしても、とにかく難しい。一筋縄では治りません」

と、一つ一つていねいに説明する。

「今は、誰が中心になって信元の面倒を見ていますか？　また、もし一緒に来ていただいた娘さんが家を離れることになったら、その時は誰が面倒を見ますか？」

「実は、主人は心臓病を患い、バイパス手術を受けていて無理がききません。散歩をするのが精一杯で、日々の面倒を見ていくのは私です」

奥さんが答えた。ご主人は口を真一文字に結び、腕組みをして考え込んでいる。

「ならば奥さんが中心になって、信元を治さなければなりません。もしかしたら、噛みつかれるかもしれないという危険もゼロではありませんが、できますか？」

奥さんは顔を曇らせ、下を向いて考え込んでしまった。

「即答できませんか？」

私に質問された奥さんは、下を向いたまま顔をあげない。私には、奥さんの気持ちがよくわかる。私も初めて信元に会った時に唸られて怖かったし、多くの保護犬たちに噛みつかれた経験もある。

実際に何度か歯をあてられたことがあったなら、それだけでも痛かったろう。ましてや、唸られ脅かされるという状態が毎日続いてきたのだから、信元に恐怖心を抱いても当然だ。

でも、治したいのなら、そんなことは言ってはいられない。犬がボスの座を譲るということは、新しくボスになった者に自分の命を預けるという一大事で、信元だって並々ならぬ決心を迫られることになる。

この人に本当に自分の命や群れをまかせていいのか、本当に群れを守るだけの強さがあるのかと、信元から確認のための反撃をされる場合だってある。そんな時でも、私はボスだと気丈に振る舞えなければ信元に信頼してもらえず、地位の逆転などできるはずもない。

信元の権勢症候群を治すのは、私が経験したなかでも最大級に難しい。だからこそ私は、このご夫妻の気構えが知りたかった。

「できません……信元が怖いんです」

か細い、消え入るような声で奥さんはそう答えた。

「そうですか……。これは、実際にとっくみあって戦うという意味ではありません。精神的に信元と真正面から向き合えなければ、一生信元に関われなくなります。ご飯をあげること一つとっても奥さんがやらねばならないのですから、向き合えずにいると、いつまでも信元とご家族の地位の逆転はあり得ません。以前は唸っただけで離れてくれましたが、このままだと襲いかかられることだってあり得るのです。ご家族の命に関わります。命に関わるとなれば、今後は安楽死をも視野に入れていかねばなりませんが、いかがですか？」

「安楽死……ですか……」

「究極の場合です。権勢症候群の治療ができなければ、今後そういった選択を迫られる場合もあり得る、そういう意味です」

「そうだよな……。信元が今のままでいたら、本当にいつ噛み殺されるかわからない。それを考えたら、先生がおっしゃる安楽死も考えなきゃならない時が来るかもしれない……」

黙って話を聞いていたご主人が、口を開いた。

「もう一度……、もう一度、家族と話し合わせてください」

奥さんは顔をあげて、私にそう言った。

「どうぞどうぞ、たくさん考えてください。そして、信元にとって、ご家族にとって何がベストであるかを考え抜いてください」

私はそう言って、夜遅くまで続いた話し合いにピリオドを打った。

私が安楽死という言葉を使ったのは、二度目である。五年間という長きにわたって人間から虐待を受け続けた結果、人間を見ると噛みつくようになってしまった「くろ」という保護犬の治療中だった。あまりにも成果があげられず、また、娘が噛みつかれたことから、くろを安楽死させようかと一度だけ考えたのだ。

「お母さんがあきらめたら、くろの命はなくなってしまう。くろは生きているんだよ。体は温かくて、心だってもってる。お母さん、そんなくろを殺さないで。あきらめないで」

と、娘に言われた。噛みつかれて足に怪我を負った娘が必死になってくろをかばい、私にあきらめるなと言ったことで、私は絶対にくろから逃げない、と決心させられた。

信元の治療をあきらめて、安楽死という言葉を使ったわけではない。信元の治療にあたっては、私も含めて、自分たちがあきらめたら信元を安楽死させなければならないかもしれないという、そこまでの並々ならぬ覚悟と勇気、そして根気と愛情が必要だ。そういった気持ちを飼い主家族に持ってもらいたくて、話をしたのだ。

数日後、ご夫妻、娘さん、ご長男が一緒にやってきた。

「どうですか？　ご家族で話し合われましたか？」

私は、できるだけ何でもないといったように話を切り出す。この家族は現状をしっかりと把握して、治療しないのであれば安楽死しか道がないかもしれない、だから絶対に治すぞ、という固い決心をしなくてはならない。

しかし、ある一面では、その言葉によって追いつめられている部分もある。これ以上、今の時点で追いつめる必要はないと、私は思っていた。

「はい……、考えてはきました」

奥さんが弱々しい声で答える。

「結論からお聞きします。どうなさいますか？」

私がそう聞くと、皆が口をつぐんだ。ご主人は腕組みをして、わずかに下を向き考え込んでいる。奥さんも下を向いたまま顔をあげない。

（おいおい、ちょっと待て待て。すぐに答えを聞かせてくれないとはどういうことだろうか……。まさか、本当に安楽死を選ぶんじゃなかろうか）

私は不安になった。とたんに、信元の居場所を我が家のどこにしようか、幸い土地はある、犬舎を急ピッチで作ろうか、など、頭がフル回転しだす。もしこの家族が信元を安楽死させるという答えを出したならば、私が新しい家族になって引き取ろうと思った。出会ったのも何かの縁、出会いに偶然はなく全て必然だ。短い間に、さまざまなことを考える。

「お母さん、なんですぐに答えられないんだ⁉」

「そうよっ、信元を安楽死させる気⁉」

同行してきたご長男と娘さんが、声を荒げて夫妻に詰め寄る。

「あなたたちは黙っていなさい。ご長男は家を離れているし、娘さんだっていつ家を離れるかわからない。天寿を全うするまでともに暮らすのは、お父さんとお母さんなの。権勢症候群の治療はとても難しい。だからこそ、治療しようとする本人の気持ちが大切なの」

私は思わずそうたしなめた。治療に直接たずさわらない人は何とでも言える。でも、このご家族の場合、何よりもご夫妻が中心になって信元を治さなければならない。そのためには、ご夫妻の強い意志が必要不可欠なのだ。

その時だ。下を向いて微動だにせず考え込んでいた奥さんが口を開いた。

「私……、怖いけれど治します」

「私も、妻と協力して精一杯努力してみます」

ご夫妻が自分たちの意志を示した。

私の緊張は一気にとけ、安心感が広がる。それとは別に私には他の思いもあった。飼い主家族が頑張ればいいだけではない。私自身、治さなければ安楽死させることも視野に入れてくださいと言った以上、必ず成果をあげねばならないのだ。

それは信元の命を預かることであり、このご夫婦の並々ならぬ決心を私も共に背負うということで、大変な重責である。信元を絶対に治す、そして、この家族に愛犬との楽しい生活を手に入れてもらうと、私も強い強い決心をした。

「では、私も精一杯のご指導をさせていただきます。でも、私が扱った犬のなかでも、最も難しい部類に入りますので、覚悟を決めてついてきてください。お二人が途中であきらめてしまったら、信元には安楽死しかない、とお考えくださいね」

私は、私が信元の新しい家族になろうと思った、ということは話さなかった。それが逃げ場になり、治療を断念するきっかけになってしまうような事態を避けたのである。

この日から、ご主人、奥さん、娘さんの三人は私の生徒になった。

「権勢症候群を治すには、服従訓練が必要です」

私はそう話した。

服従訓練という言葉は、私はあまり好きではない。言葉のニュアンスから、犬の意思を抑えつけて、無理矢理いうことを聞かせるような感じを受けるからだ。しかし、便宜上、この言葉を使わざるを得なく、私はすかさずこうつけ足す。

「服従訓練とは、犬に無理強いをしていうことを聞かせるわけではありません。誰がボスであるかを犬自身に学んでもらい、皆が気持ちよく生活できるように、正しい方向へ犬を導く作業です。ですから、殴ったり蹴ったりなど、犬に痛みを加えることは一切しません」

ご主人は今まで、何度か信元に暴力をふるったことがある。それは今後、絶対に必要がないことを懇々（こんこん）と話した。

信元には、気弱なところがある。そういう性質を持った犬を殴ったり、追いつめるようにして叱り続けたりすると、恐怖による攻撃を引き出しかねない。恐怖による攻撃とは、虐待を受けた犬に多く見られるもので、自分を守るため捨て身になって戦いを挑んでくることを指す。

捨て身の相手には、いくら叱ろうがなだめようが、何も通じない。嫌だと思うものを排除するまで、攻撃の手をゆるめることはなく、犬が捨て身になって噛みついてきたら、十五キロほどの体重の中型犬にでさえ、私たち人間はかなわないのだ。

私は恐怖による攻撃をしてくる犬を何頭も治療したが、権勢症候群の治療よりもはるかに難しい。権勢症候群は犬が上位に立った場合に出る症状だから、「違うよ、上位者は人間だよ」と教えればいい。でも、恐怖による攻撃をしてくる犬は、その心に大きな傷を負っており、まずは傷ついた心のリハビリをしなくてはならないのだ。

次に、人との間にできてしまった深い溝を埋めて、犬から信頼してもらえるようにする。それが終わって初めて、服従訓練をし、次の訓練に入れる。通常より多くの行程が必要になり、完治までに何年もかかる場合がある。

五才まで虐待を受けていた私の愛犬くろは、我が家に連れてこられた当初、恐怖による攻撃が出ていた。深く傷ついたその心が完全に癒えるまでに八年の月日を要した。犬をしつける時、暴力は絶対に必要ない。必要なのは、人と犬とが信頼しあい、お互いをかけがえのないパートナーとして認めあうことなのである。

服従訓練は何十項目もあるが、私がまず始めにご家族に頼んで信元に最初にほどこしていただいたのは、四本の犬歯を、犬歯と犬歯の間にある歯と同じ高さに削ることだった。犬歯は、犬の歯のなかで最も長く、ちょっとやそっとでぐらついたり抜けたりしないように歯根が歯肉に深く格納されている歯で、私たち人間にも糸切り歯として生えている。

この歯は、他の動物や他の群れの犬などと戦う時の武器であり、食事の際には生肉を食いちぎるために存在している。現代の家庭犬は、生肉を食いちぎるような食事をほとんどしていないため、平らに削っても生活に支障はまったくない。

犬歯が平らになると、噛みつかれた時に爪でギギッとひっかいたような傷は負うが、皮膚や肉を引きちぎられることはなくなる。私は今後、信元が家族に噛みついてしまったとしても、大怪我を負わない手だてをまずはほどこしたのである。

信元が犬歯を削る日、私も動物病院に同行した。いつもなら病院を紹介して生徒に行ってきてもらうが、今回は、できうるかぎり色々な場面での信元を見ておきたかったのだ。

今はまだまだ上位者である信元、その信元が怖いと思うことや嫌だと思うことをするのだから必ず唸られるだろうな、もしかしたら噛みつかれるかもしれない、私はそう想像していたが、案の定、信元は診察室に入るなり唸りだした。

狭い診察室で暴れられたらたまったものじゃない。いったん外に出て、エリザベスカラー（犬が傷口を舐めないように首に巻くプラスティックのカバー）をつける。噛みつき防止のためだ。これで、前方にいる人なら噛みつけるが、横や後にいる人には、エリザベスカラーが壁になって噛みつけないのだ。

それから再度診察室に入り、数人で信元が動かないように保定しながら診察が始まった。獣医師は、犬が連れてこられたからといって、すぐに麻酔をかけたりはしない。その日の体調を必ず診察してから次の処置に進むものだ。信元の場合、問題なしと診断後、鎮静剤が打たれた。鎮静剤が完全に効くまでに十五分ほどかかる。

ここで一つ、考えていただきたい。重篤な発作や大けがをしてしまった時などに、鎮静剤を打たなければ診察や処置が困難な犬は、当然、素直に診察させてくれる犬より処置が遅れることになる。これは大変な問題である。

なぜなら、ただの診察であっても、体に負担のかかる鎮静剤を打たねばならないし、鎮静剤が効くまでの間に治療ができないのは、助かる命でも助からない場合が出てくるということだからだ。

私の愛犬のなかに、超大型犬であるグレート・デーンがいたが、そのうちの一頭、

「十兵衛（じゅうべえ）」（体重八十五キロ、立ちあがると高さ二メートルを超えた）は、心臓のエコー検査を受ける際、「立ったまま待て」という私の命令に従い、一時間もの検査を受け通した。一方で、信元は、こういった検査時にも鎮静剤を打たなくてはならなくなる。

（全部は無理でも、命に関わる部分は必ず治したい）

私は、強くそう思った。

信元の犬歯が削られると、これで噛みつかれても、縫わなければならないような怪我はしないと、ご夫妻も娘さんもかなり安心できたようだ。

「いくら信元が生活していく上で犬歯は必要ないとしても、鎮静剤を打って、麻酔をかけて犬歯を削るという作業をしました。人間も盲腸は生活上必要ないからといって、虫垂炎（ちゅうすいえん）になってもいないのに、切る人はいないでしょう。犬にとって攻撃は最大の防御です。私達の都合で攻撃力を少なくし、同時に防御力も減らしたのですから、どうか必ず権勢症候群を治してください」

私はご夫婦にそう話す。ご夫妻と娘さんの三人は、私の話を聞きながら何度も何度もうなずいた。

それから、犬の行動学、習性学、心理学、はては法律や健康管理、応急処置といったことまで、知っていて損はないだろうと思われることがらを全てをご家族に教えていく。そして、信元のやっかいな性格と、治療にあたるご主人、奥さん、娘さんの性格やライフスタイルに合わせて、服従訓練を進めた。

しつける時に私はほとんどおやつを使わない。プロの訓練士は、おやつを命令に従ったご褒美として与え、犬の様子を見ながら上手にそれを抜いていくが、経験の少ない一般の方は、おやつで犬をつって命令を通してしまう。

これは、犬が飼い主を上位者として認めて命令に従っているわけでは決してない。おやつがもらえるから命令に従うといった、取り引きをしているだけなのだ。ご飯の前の「座れ」、「待て」はよくできるが、散歩時などに「座れ」と命令してもさっぱり言うことを聞かないといった話をよく耳にするが、この現象はまさに代表的な例で、犬は取り引きをする物が何もないから命令を聞かないのである。

私は、犬と生活するうちの九割は、遊びや散歩を通じて犬との信頼関係を築き、残りの一割部分で叱ったりしつけをするものだと思っていて、生徒にもそう教えている。皆さんにも理解していただけるだろうが、あれもやって、これもやってと要求されてばかりでは、人間だって嫌になってしまう。犬も同じなのである。

犬のしつけをする時、権勢症候群を治す時も同じであるが、まずは声のトーンを駆使していただいている。高く、穏やかな明るい声では、「ダメよ〜、そんなことしないでね〜」と言っていたとしても、犬には褒め言葉に聞こえる。逆に、低くて唸るような大きな声では、「おりこうね」と言ったとしても、叱る言葉に聞こえるのだ。褒める時の声はお母さん的な声、叱る時の声はお父さん的な声、と思っていただければよりわかりやすいかもしれない。

私はまず、奥さんに「叱る時の声のトーン」を、できうるかぎり練習していただいた。信元のお母さんとして、信元よりも上位者として、奥さんにはこの声のトーンの使い分けが必要だったからである。

私がとても注意を払ったのは、奥さんは信元に対して恐怖心を持っているという点だ。奥さんも信元に脅かされ続けたせいで心に傷を負っている。その傷口を開かせてしまうようなことをさせたら、奥さんは信元に向き合えなくなってしまう。私は無理をさせないようにしながら、信元の上位者としての振る舞いを教えた。

「こら、ダメ！　違うなあ……、ノオォ！」

奥さんはスクールに向かう車内でも、声のトーンの高低を練習したそうだ。

ご主人には、散歩の仕方を全面的に変えていただいた。今までは、コースはご主人が決めていたものの、実際の散歩となると、信元が行きたい方向に進んでいた。また、信元が立ち止まった時は、仕方がないなぁと、信元が歩きだすまで止まっていたという。

散歩は、ボスである人間が下位の犬をリードし守りながらするもので、犬の思うがままにするものではない。よく、犬にグイグイと引かれて歩いている方を見かけるが、あれは犬を散歩しているのではなく、人間が犬に散歩をされているのである。私は、上位者であるご主人が下位である信元を連れて歩く、という散歩の仕方を教えた。

娘さんはというと、三人のなかで最も勇敢に信元にたち向かっていった。

「犬歯を削ったんだから、もう大丈夫」

と言って、唸られれば信元の傍に行って叱り、唸るのを止めたら褒めるを繰り返す。何度か噛みつかれたそうだが、それでも娘さんはめげなかった。

「信元の治療に失敗すれば、安楽死させられるかもしれない。頑張るぞ！」

きっと、そういう気持ちで信元と真正面から向き合ったのだろう。その真剣さとひたむきさには私も頭が下がった。

こうして家族が一丸となって治療を進めた結果、少しずつではあるが、信元の権勢症候群はよくなっていった。臆病な性格は相変わらずだが、ブラッシングもできるようになったし、フードボールのなかに手だって入れられるようになった。

散歩時、後ろから来る車を怖がって立ち止まってしまう時はあるが、それ以外は、お父さんの左側につき、お父さんの歩調に合わせて歩く、脚側行進もできるようになった。何より、唸ることは時々あっても噛みつかなくなった……。

「あの時、先生に、できなければ安楽死という選択も考えなきゃならない、そう言われて、初めてことの重大さに気がつくことができました。ここであきらめたら、ここでやめてしまったら、もう二度と信元の姿は見られなくなるかもしれない。そう思ったらどこからか力がわいてきて、ここまで来られました」

ご夫妻が私に言ってくださった言葉である。確かに私はこの家族に信元と向き合うためのきっかけを与えたのかもしれない。でも、それを受けとめ、愛情をそそいで、前に進んだのはこの家族の力である。

信元の家族に実際にスクールに通っていただいたのは約四ヶ月間だった。

「卒業してからが勝負。それを絶対に忘れないで。私は権勢症候群の治し方、技術、知識を全部教えたから、お父さんもお母さんも娘さんももう大丈夫。でも、信元は噛みついていた犬だし、このまま卒業させてしまうのは少し心配です。一ヶ月に一度でいいから、少しの間、信元の様子を見せにきてください。一ヶ月経たなくても、もし何か問題があったら、すぐに来てくださいね」

　私はそう言って、信元と、そして信元の家族を卒業させたのである。

　権勢症候群が治った後も、信元が家族に対してそっけない態度をとるのは治らない。それは性格で、治しようがないのだ。それが秋田犬の持つ特性でもあるし、そんな信元に、明るくブリブリと人に寄っていきなさいと無理強いしても仕方ない。

「先生のおっしゃることはよくわかります。でも私、すり寄ってくる犬とも生活したいと、心から思っています。しかも大型犬」

　信元のお母さんは、信元の権勢症候群を治したことや、犬の色々な特性を学んだことで自信がついたようだ。様子を見せにきてくださった時に、穏やかな笑顔を浮かべながらそう言い、その言葉は私の心のなかに残った。

それからほどなくして、私が収容所に行った時に、先祖返りをしたのではないか？と思うほど大きなラブラドール・レトリーバーが収容されているのを見つけた。

昔、もともとは体が大きな犬種だったが、人間が扱いやすいようにと、同じ犬種のなかでも体の小さい犬を選んで交配し、少しずつ体の大きさを小さくしていった種がいる。そんな犬種のなかに、ブリードスタンダードよりもかなり大きい、その種の先祖のような体格に育つ犬がたまにいて、「先祖返り」といわれている。

その犬の首には、太くてさびついた鎖がきつく巻かれていて、その部分の毛がすれてなくなっていた。何度も出産しているのだろう、乳首は伸びきって垂れ下がっている。

「痛そうだなあ……」

私は思わず手を伸ばした。収容所の犬に手を伸ばすことは、とても危険な行為だ。普段はおとなしい犬でも、収容所という特殊な環境に置かれて、気が立っている可能性がある。

しかし、その時の私は、そんなことは忘れてしまっていた。幸い、その犬は人なつこそうに私に近づいてにおいをかいだだけで私のぶしつけな態度を許してくれたが、今となっては自分の行為を反省している。でも、それをしなかったら、私はたぶんあの子を引き取ることはしなかった。

「この犬はどうしたのですか？　飼い主の放棄犬ですか？」

私の質問に、職員さんが答えてくれた。

「いいえ、この犬は○○町付近をうろついていた犬です。ごらんの通り大きな犬ですから、住民の方が怖がって、捕獲してほしいと通報があったので、収容しました」

「この子の収容期限が切れるのはいつですか」

「えっと……、二日前の収容ですから、明後日ですね」

「明後日ですか、わかりました」

収容期限が切れた瞬間、犬の所有権は行政にうつる。行政の犬となった収容犬は、収容所が当時行っていた譲渡会に出される子犬以外は全てガス室に追い込まれ、二酸化炭素で窒息死させられて、九百度もの熱で骨が灰になるまで焼き尽くされる。残った灰は、ゴミとして産廃業者に引き取られてゆく。

この犬も、飼い主が迎えにこないかぎりそういった運命をたどらされる。あの首に巻かれていた鉄の鎖と首の状態を見るかぎり、可愛がられていたとはとうてい思うことはできず、きっと飼い主は迎えにこないだろう、そう思った。

私はとりあえず、知人である動物保護をしているボランティアに連絡をとった。

「新しい家族は探すけど、見つからなかったらうちの子にするから出して」

知人はそう言ってくださったが、何せ大きな子である。

「本当に大丈夫？　何かあっても私のところには今、置いてあげる場所がないから預かることができないの。それでもいい？」

と、私は念を押すように何度も言ったが、この方は、

「私が預かるから大丈夫。連れてきて」

と言った。

収容期限が切れる日に犬を迎えに行き、犬の首に巻きつけられていた鉄の鎖を持参したニッパーで断ち切った。きつく巻かれ続けていたのだろう。鎖があたっている部分の毛はすっかりはげ落ち、食い込んで皮が剥き出しになって血がにじんでいた。

「あなた、いったいどんな生活をさせられてきたの……」

そのむごさに、思わずこの子の首を抱きしめた。この子は、私のそんな思いとは裏腹に、尾をブンブンと振り回し、体全体をグイグイと押し付けて甘えてくる。

鎖は人間がかけたものである。出産だって何度もさせられたのであろう。でも、そんなしうちを受けていても揺るがずに人を信じるという真っ直ぐで純真なこの子の心が、私には痛々しくてならなかった。

「よしよし、本当に明るくてイイ子。これからは幸せになるんだよ」

私はすぐに、知人のボランティア宅にこの子を届けたが、後日、このお宅の先住犬とケンカして、その先住犬に怪我を負わせてしまい、このラブラドールは私のもとに戻された。

正直、ちょっと困った。私の家には当時保護犬がけっこういて、この犬の居場所を作るのが困難だった。それを真っ先に伝えて念押ししたのだが……。しかし、この犬の命がつながったのは、そのボランティアが「出して」と言ってくれたからだ、と思い、裏庭に、この子にとっては少し小さめではあったが居場所を作る。

そんな時、「すり寄ってくる犬とも生活したいと、心から思っています」という、信元のお母さんが言っていた言葉を思い出して、すぐに彼女に連絡をとった。

「収容所に収容されていた犬ですが、かなり大きいラブラドールで、体格は信元にひけをとりません。性格はこの犬種らしく、明るく陽気で活発、人間が大好きでブリブりと尾を振って近づいてきます。もし、新しい家族になりたい、そう思えたら連絡をください」

「先生、その犬は処分されてしまうのですか？」

「いえいえ、もう私が引き取ったんですから、それは絶対にありません。ゆっくり考えてください」

と、伝えた。信元の家族からの連絡はしばらくなく、大きな体がダイナミックだから、私はその犬に「ダイナ」という名前をつけた。

「ダイナ、私と暮らそうか」

そんな話をダイナとしている時、運命の電話は鳴った。

「先生、以前お話しいただいた子はいますか？　ぜひ信元とお見合いをさせたいんです」

「この子はケンカっ早いらしく、一度別のお宅に引き取られましたが、先住犬とケンカして戻されてきました。ただ、譲渡したお宅の犬はダイナと同性でしたので、異性である信元ならうまくいくかもしれません。お母さんが望んでいた通り、人に甘えるのが上手な、進んですり寄ってくる性格をしています」

信元の家族は、信元を連れてすぐにお見合いにきた。ダイナはこの時、何かを察知したのかもしれない。初めて会う信元のお母さんに、娘さんに、お父さんに、本当に嬉しそうに甘えていった。

信元はそんなダイナを見ても知らぬふりをしている。ダイナも信元のにおいを少しかいだだけで、威嚇することはなかった。

「先生、ぜひこの子の新しい家族にならせてください」

「大型犬同士です。もしケンカになったら、どちらも大けがをするでしょう。そんなことが一度でもあったら、信元もダイナも可哀想な生活をすることになるので、その場合は返していただけますか？」

「はい、ダメな時は連れてきます」

「では数週間、おためし期間を設けましょう。その間ケンカしなかったら、大丈夫だと思います」

果たして信元とダイナは……、小競り合いはあったものの、大きなケンカはしなかった。正式に信元の家族の一員に迎えていただいたダイナは、日々、甘えており、ご家族そろって可愛いを連呼した。

信元の心境にも変化が起きたらしい。人に甘えてなでてもらっているダイナを見ている間に、以前よりも家族に甘えてくるようになったそうで、家族の誰もが大喜びしていた。

また、散歩の時も、ダイナについて歩くことで、車や知らない道を怖がるのはかわらなかったが、歩けなくなることはなくなったそうだ。

収容所で窒息死処分の恐怖にさらされていたダイナ。権勢症候群になり、安楽死をさせることになるかもしれないと、家族が一丸となって治療した信元。この二頭の過去はまったく違っていたが、命をかけた出会いという点では、似たもの同士に思えてならなかった。

信元の治療をし、ダイナをお譲りしてから二年の歳月が流れたが、今でも、信元とダイナを連れて家族で時々きてくださる。ダイナは相変わらず愛嬌を振りまき、信元は私を見ても知らぬふりをしている。

つい先日も、訪ねてきてくれた。信元の調子はいいらしい。私は初めて会った時以来ぶりに信元にソッと近づき、ゆっくりと座った。以前はここで唸られたが、この時の信元はそっぽを向いたまま動かない。私は信元から見える位置で、ソッと下から手を伸ばした。それでも信元は何もしない。私はさらに手を伸ばし、信元のあごの下や胸をゆっくりとなで、その後、背中もなでさせてもらえた。

「先生、信元が他人をこんなに受け入れたのは初めてです。私、本当に嬉しいです」

お母さんが少し興奮気味に言う。私は顔をくしゃくしゃにして笑うお母さんに微笑み返し、信元を見つめると、

「信元、ありがとう。やっとさわらせてくれたね。やっと信用してくれたんだね。治療の時は信元もつらかったでしょう、ごめんね。でも、本当に本当にありがとう」

と、言った。信元は、日本犬の威厳を誇示するかのように真っ直ぐ前を見据え、実に堂々とした立ち姿で私の言葉に耳を傾けてくれていた。

私はまた一つ、信元とダイナという犬から、そして信元の家族の皆さんから、大切なことを学ばさせていただいた。それは、どんな事態になろうとも、あきらめないことがいかに大切かということ。そして、どんな境遇に置かれようとも命の重さは皆同じ、心はとてつもなく温かいということだ。

今、改めてお礼を言わせていただく。信元、ダイナ、そしてお父さん、お母さん、娘さん、心配してメールをくださったご長男、私はあなたたちの姿を通して、人と犬

との温かい心の交流を、皆さんをむすぶ強い絆の存在と深い愛を見せていただきました。本当に、ありがとうございました。また、遊びにきてやってください。その時を楽しみにしています。

第二話　もう一度、人を信じてくれた犬

私がその子と出会ったのは、忘れもしない十二年前の一月三日。十三年前に亡くなった父の誕生日だった。何かと厳しい父ではあったが、今になって思い出すのは満面の笑顔。その日も、心のなかで父の笑顔を思い出しながら、長女と買い物に出た。空気はキーンと冷え、とても寒い。

「お母さん、あの子……、あの子を見て！」

助手席に座っていた長女が叫ぶ。見て、と言われても私は運転中である。見る間もなく、その場を通り過ぎた。

「いきなり何よぉ、脅かさないで。運転してるんだもの、見られないよ」

「帰りに、またこの道を通るよね？」

「うん、通るよ」

「じゃあ帰りに、車を止めて、さっきの犬を見て」

「車を止める？　倒れている犬でもいた？」

そんなに緊急事態なのだろうか。娘は少々心配性のくせがある。

「ううん、倒れてはいない。でも、帰りにじっくり見てよ」

当時の娘は十九才。そうそうバカなことも言わないはずだ。

「わかった。帰りに見るね」

私はそう言うと、急いで買い物をすませ、娘の言う「あの子」のところへ急いだ。

「あの子」のいる場所は、とある事業所だった。事業所といっても、自宅と兼用しているようで、一階が事務所、二階が住まいといった造りに見える。庭はコンクリートが打たれ、数台の営業車が止まっていた。

私は、道路沿いに車を止めると、長女と一緒にその事業所の庭をのぞき込んだ。

「ほら、あの子……」

娘が「あの子」と呼んだ犬は、道路からのぞいている私たちにもよく見える位置につながれていた。その犬を見た瞬間、私は凍りついた。

その犬は、道路から数メートルの位置につながれていたが、少し離れた私にも見て取れるほどにあばら骨が浮いて、ガリガリに痩せている。壊れかけた木製の犬小屋の前を歩いてはいたが、その動きはとてもゆるやかだった。

年老いているのだろうか。

何かの病気を患っているのだろうか。

怪我をしているのだろうか。

歩く時に、四本の足を馬のようにひょいひょいとあげて歩いている。その動きは実に不自然だ。そうやって少し歩くと、コンクリートの上で伏せの体勢になり、何かを気にするように、しきりに足の裏を舐めている。

もっと近くで見たい、そう思った私は、すでに体が動いてしまっていた。

「こんにちはぁ」

私は、事務所の両開きのサッシドアを開け、挨拶をした。なかにいたのは二人の男性と年配の女性が一人。

「はい、何かご用ですか？」

私がいきなり声をかけたものだから少し驚かせてしまったようだが、すぐに笑顔になった年配の女性が対応してくれた。

「実は、あそこにつながれている犬を見かけまして……。娘も一緒にいるんですが、私たち、犬が大好きなんです。ぜひ見せていただけませんか？」

私は、あやしい者だと警戒されないよう、明るく歯切れのいい声で、満面の笑顔を浮かべて許可を願い出た。

「犬……ですか……。すごく、くさいですよ？　それに飛びつくし……。噛みつく時もありますよ」

少しけげんそうな表情になった女性が答える。

大型犬なら飛びつかれては困る。ましてや、噛まれたらひとたまりもない。でもその犬は、通常なら室内で飼われる犬種で、小型の部類に入る。飛びつかれたところで私が倒されることはないし、噛みつかれたとしても、大けがを負うこともないであろう。私はその二点は無視して、

「犬はくさいですよねぇ。いいです、いいです。くさくてもいいから見せてください。それに噛みつかれても、さわらせてくださいとお願いしたのは私ですから、何とも思いません。どうか見せていただけませんか？」

笑顔でこう言った。

犬には体臭がある。犬種によって体臭の強さに差はあるが、健康な犬は「すごくくさく」はならないものだ。私は犬の体臭を、一度もくさいなどと思ったことはない。

むしろ、においをかいでいると、気持ちが落ち着くようないい香りかも、なんて思ったりする。悪臭を放つ犬はいるが、それはひどく汚れているか、何かの病気を患っている時だけだ。

私がここで「くさいですよねえ」と言ったのは、相手に同調することで警戒心をといてもらうためだった。相手がくさいと言うなら、私もくさいと言うことで、反発心をかいにくくなる。におうのか、ならばなおさら見たい、と私は思った。

「そこまでおっしゃるならいいですよ。ただ、噛みつくので気をつけてくださいね」

女性はそう言ってくれた。

「しめた！」そう思うと、娘に、「見てもいいって」と、女性から許可をいただいたことを伝える。心配そうな表情を浮かべていた娘の顔が、パッと笑顔にかわった。

「噛みつくんだって。少し気をつけてね」

私は娘に耳打ちする。

その犬は、パグという犬種だった。パグとは、ラテン語のパグナスという言葉が語源で、握りこぶしという意味だ。その名の通り、頭と顔は全体的に丸く、鼻はペチャンコにつぶれている。目は大きくクリンとしていて、目の周り、おでこ、鼻の上などに深いしわが何本かあり、耳は小さめで薄く、顔に沿うようにペロンと垂れている。だから、よけいに顔が丸く見えるのだ。体重は六～九キロ、体高は二十五センチ前後の小型犬だ。

外の環境に合う犬種は、表面の毛は雨などをはじくような性質をしており、その下にアンダーコートという、温かい空気をためたり、強い日差しから自分を守ったりするための毛が生えている。そういう毛質をダブルコートという。

対して、アンダーコートのない犬種をシングルコートといい、パグもこの一種である。この場合、寒さは直接肌にあたるようなもので、気温がマイナスにならなくても凍死してしまう犬もいるし、雨などもすぐにしみて低体温症を引き起こしかねない。

特に夏は、パグなどのマズルが短い犬種は、パンティング（舌を出してハアハアと呼吸をし、体温を下げること）が少しヘタなので、エアコンが必需品になる。つまり、室内飼いをし、暑さ寒さに応じた対処をしなければならない犬種なのだ。

性格は、個人主義で頑固だと言われるが、少なくても私と暮らしているパグは甘え上手であり、私の体に自分の体の一部分をくっつけてジッとしているような遠慮深さがある。

しかし、頑固という面は確かにある。いや、プライドが高いのかもしれない。こうと思ったことはテコでも動かないといった態度を示す時があり、また、こうしたいと思ったことは、いくら叱ってもやめない時もある。そういう時はこちらが利口になって、叱らずにうまく誘導するという方法をとれば、ちゃんとそのように動いてくれる。

なかにはケンカっ早いという所見もあるが、この時出会ったパグを含めた私の二頭の愛犬、または過去、保護し里子に出た四頭のパグたちは、時々他の犬が起こしたケンカに加担することはあっても、自分からケンカを売ったりせず、すんなりと群れにとけこんで、問題を起こすことなくとてもうまく生活してくれた。

あまりにも特徴のある顔から好まない方もおられるが、特徴があればあるほど、一度はまると愛おしくてたまらなくなるものだ。実は、私は以前、鼻のつぶれた犬種が少し苦手だった。しかし、ふとした縁からボストン・テリアと暮らすようになって、まさに鼻があまり前に出ていないその風貌が、愛嬌のある可愛らしいものだということに気づいた。

クリンとした丸く大きな目で見つめられ、ちょいと小首をかしげられた時、私は完全にノックダウンされてしまった。それからはすっかりその顔に惚れ込んでしまい、鼻ペチャ犬がいない生活など考えられなくなった。

「なんていう名前なのかなあ？」

ドジなことに、私はこの犬の名前を聞いていなかった。一度事務所に戻って聞けばよかったのだろうが、その時間が惜しいくらい、この犬の状態を早く我が目で確認したかった。

私と娘は事務所に引き返すことなく、そろりそろりとこの子に近づいていく。

その犬は、私たちをジッと見つめている。私たちはその子とまったく視線を合わせずに、知らぬふりをしながら、はやる気持ちをグッと抑えてゆっくりと、大きくカーブを描きながら近づいていった。

これは、犬が行動で自分の意思を伝えるカーミングシグナルを応用した、「私たちに攻撃の意思はありません、どうか仲良くしてください」というハッキリとしたサインである。

吠えられるかと思ったが、犬は私たちを見つめているだけだ。一メートルほどで犬に接するという距離まで近づいた時、強いにおいが私たちの鼻をついた。すえたような、何かが腐ったような、酸っぱいような、それは、まさにあの女性が言った通りの悪臭、とんでもないにおいである。

「しかしにおうね」

「うん、すごくさい」

「恵理奈、このにおい、汚れてるだけのにおいじゃないね」

汚れた時と、感染症などの病気を患っている時はあきらかに違うにおいがするものだ。この犬からは、汚れだけではない悪臭がしていた。

私たちはそのすさまじいにおいに驚きながらも、さらにゆっくりとした動作で近づき、その犬とはす向かいになるように座った。真正面に座ったら、こちらを見つめている犬と相対する。見つめ返せば、私たちには攻撃の意思がある、というカーミングシグナルになってしまうのだ。

だからといって完全に後ろ向きに座ったのでは、その犬の動向がまったく見えず、万が一飛びかかられて噛みつかれそうになっても、早い対処ができない。私たち人間の視野は広い。犬と視線を合わさずにはす向かいに座っても、私の視界に犬の姿は入っていた。

長女はというと、私が指示しなくてもいつも私の授業に出ていたおかげか、ちゃんとカーミングシグナルを覚えて、私と同じようにすかさずそれを実践していた。それが何となく嬉しかった。

「パ~グちゃん、パグちゃん、怖くないよお、大丈夫だよお」

私はゆっくりとした穏やかな、そして少し高いトーンで声をかけながら、この子に見えるように、下からそろりそろりと手を伸ばした。犬は、見知らぬ私たちを前にしても逃げない。かといって、唸るといった威嚇もしてこない。

(なむさん、噛みついてくれるなよ)

いくら小型犬であっても、噛みつかれれば痛い。覚悟はしているものの、できるなら噛みつかれたくはない。私は、心のなかで祈りながらさらに手を伸ばした。

もう少しで犬に手がふれるといった時、犬がスッと近づいてきて、クンクンとしきりに私の手のにおいをかぎだした。

(しめた!)

犬のほうから近寄ってきて私のにおいをかぐというのは、こちらに興味を持ったということだ。私は犬が好きなだけにおいをかげるように、座ったままさらにソロリと近づいた。

ホゴホゴと鼻を鳴らしながらひとしきりにおいをかいだその犬は、次にスイッと両前足をあげて、私に飛びつこうとした。しかし、古びた鎖がその子の動きを制止する。私は犬が飛びつけるように、また近づいた。

においをかいで、飛びつく。この行為に攻撃の意思はない。逆に、親愛の情を示している時が多い。といっても、攻撃してくる場合もあるから、皆さんは私の真似をしないでいただきたい。私はこの時、噛みつかれてもいいという覚悟をつけていたから、こういった行動に出たのだ。

犬から届く位置に体を移動すると、犬は「グウグウ、ブブブ、ホゴホゴ」と、色々な調子で鼻を鳴らし、飛びついたまま私の体のあちこちのにおいをかぐ。

「たくさんのにおいがするでしょう。うちの犬たちのにおいなんだよ」

私はそう言いながら、しきりににおいをかいでいる犬に顔を向けた。犬はにおいをかいだ後、今度は私の洋服を舐めだした。

「パグちゃん、こんなに寒い季節なのに、コンクリートの上で生活させられて大丈夫？」

「お母さん、あれじゃ犬小屋に入ってもすきま風が吹き込んで寒いよ」

この子の唯一の住まいであろう木製の犬小屋は、何年使っているのだろうか、歪んでずいぶんすきまが開いている。シングルコートであるパグは、本来なら室内で生活させる犬種だ。こんなに底冷えのする日に、コンクリートの上で生活させられているとは……。

これが夏であったらどうだろう。コンクリートやアスファルトの照り返しはとても強く、気温が三十度であっても、熱がたまって五十度、いや、六十度にも達することもある。そんななか、唯一日陰になるこの犬小屋に入り、激しいパンティングをし、何とか体温を下げて生き延びようとするこの子の姿が思い浮かび、涙がこぼれそうになった。

歩き方がおかしいのはのぞき込んだ時からわかっていたので、足を見つめた。

「恵理奈、爪……」

「わかってる。私も見てるよ、お母さん」

その爪は伸びすぎてクルリと巻き、よくは見えないが、どうやら足の裏にあるパッド（肉球）という柔らかい部分に刺さっているようだ。通常、コンクリートの上で生活して毎日散歩をしていれば、爪は自然に削れてちょうどよい長さに保てるはずだが、この犬の様子を見るかぎり、コンクリートの上を爪が削れるほどは歩いていないようだ。散歩はまったくしてもらっていない可能性が高い。

　しかも、この悪臭、本当にどこかが腐りはじめているのかもしれない、私は本気でそう思った。

「何とかしたいね」

「うん、お母さん、この犬を助けてあげてよ」

　長女が言う。私は長女に言われなくても、何とかしてこの犬を救い出そう、そう思った。国が定めている「動物の愛護及び管理に関する法律」のなかには、給餌（きゅうじ）や給水を止めた者には五十万円以下の罰金が科せられる。その他については、適切な飼育をしなければならないと書いてあるだけで、具体例はあげられてはいない。しかし、私には、この犬が適切な飼育をされているとはどうしても思えなかった。

「恵理奈、今日はとりあえず引きあげよう。家に帰って、どうしたらこの犬を助けられるか考えよう」

　私はそう言うと、事務所に向かい、

「本当に可愛い犬でした。噛みつかれませんでしたよ。ありがとうございました」

と、深々と頭を下げた。すると、犬にさわってもいいと言ってくれた年配の女性が、

「あらあ、噛みつかれなかったの、へええ。私はいつも噛みつかれるもんで、そういう時は棒でたたくのよ」

と、笑みを浮かべて言った。

「そうですか。大変ですね。また来てもいいですか？」

私はそう言いながらも、女性の言葉にはらわたが煮えくり返った。

(つらい生活を強いられ、その上、棒で殴られているのか、今に見てろ、必ず引き取ってやる！)

私はその思いをひた隠しにした。

「ええ、あんな犬でよければ、いつでもどうぞ」

と言う女性に笑顔を向けた。

(やった、これで訪ねるきっかけを作った！)

今すぐにあの子を引き取れないことは、とても悔しかった。しかし、現実は私の犬ではないのだ。あの事務所の庭につながれているのだから、あそこの社長の犬かもしれない。しかし、確認はしてない。今すぐに何とかするのは、無理な話だった。

それから数日後、私は大げさなくらいの菓子折りを手に、その事務所を訪ねた。

「図々しくてすみません。この前はありがとうございました。これはほんのお礼です、お口汚しにどうぞ。今日も犬をさわらせていただいていいですか？」

「えっ、こんなにたくさんいただいてすみません。どうぞどうぞ、いつでもさわりにきてください」

年配の女性はそう答えて、少しすまなさそうに私の手みやげを受け取った。私と娘の作戦は、まずは事務所にいる方に気に入ってもらい、仲良くなろう、そして、少しずつ、誰の犬なのか、あんな状態になるまでほうっておくということは今後も飼い続けたい犬なのか、それとももういらないのか、などを聞き出すことである。

いくら引き取りたくても、まさか、盗むわけにはいかない。犬は飼い主のものなのだから、盗めば窃盗罪になる。一時でも早く引き取って病院に連れていきたかったが、ひどい生活をさせる飼い主だからこそ、飼い主が納得した上で放棄してもらい、それから引き取りたかった。

こうして私は、時には一人で、時には長女や三女を連れてたびたびその事務所を訪ね、情報収集していった。もちろん、手みやげと、とびきりの笑顔は忘れない。

（こんな生活をさせているのは誰だ!?　においについては、何かの細菌感染だと気がつかないとしても、歩き方がおかしいことは見てわかっているはずだ。それを放置して、あげく棒で殴っているなんて、人間のすることじゃない！）

心のなかはそんな怒りでいっぱいだったが、それをぶつけたら何もかもが終わってしまう。相手に少し警戒されただけでも、情報収集はできなくなるのである。

訪ねていく回数が増えると、

「いつもいつもいただき物をしてすみません。お茶でも飲んでいってください」

と、事務所に入れてもらえるようになり、色々と話を聞くことができるようになった。何度か社長にも会うことができ、

「犬が好きなんですねえ。私は犬が苦手でして……」

という話を聞き出すことができた。また、私の応対をしてくれた年配の女性は、社長の奥さんであることもわかった。この夫婦には子どもが三人いるがそれぞれが独立して、今は二人で暮らしているらしい。

「孫にペットショップに行きたいと言われて、あまりにもうるさいものだから、仕方なく連れていったらあの犬がいて。そうしたら、孫がどうしても欲しいと泣いてせが

むもんで買ってあげたのよ」

「そうだったんですか」

「ええ。孫の家はマンションなんで、犬が飼えなくてねえ。私も主人も犬は嫌いなのよ。でも、孫可愛さにああやって飼ってるの。生後八ヶ月くらいまでは家のなかで飼っていたけれど、だんだんくさくなるし、オシッコはあちこちにしてしまうし、水を飲むたびにダラダラと垂らすし、もういくらたたいても治らないんで、外で飼うことにしたんですよ」

パグの体型上、飲んだ水が口からあごの下へと流れ、床に垂らしてしまうのは仕方のないことである。また、最初ににおいだした原因は、顔のしわの間をまったくふかなかったことだろう。それを犬のせいにするなんて……。グリンと胃がひっくり返ったような、とても不快な思いが私を襲う。まさに、嫌悪だ。

「そうだったんですか……。今、あの犬は何才くらいなんですか？」

社長夫人は少し考えた後、三才くらいになるかしら、と答えた。

「大変ですね。それにこう言っては失礼ですが、とてもくさいし……」

「そうなのよ。孫も飽きちゃったみたいで、遊びにきても全然さわらないし、様子を見にも行かないのよ。それにあのにおいでしょう、ほうっておくしかないのよ。篠原さんはよく噛みつかれないわね。いくらバカ犬でも、犬好きの人のことはわかるのかしら」

こんな会話を社長夫人と交わせたのは、私と長女がこの犬に出会ってから一ヶ月以上経ってからだ。その頃の私と犬はかなり親しくなっていて、私の姿を見ると犬小屋から出てきて、両前足をひょいとあげて立ちあがり、『早くこっちに来て』と言わんばかりの様子を見せてくれるようになっていた。

私はこの犬に、勝手に名前をつけていた。私に甘える時にグウグウと可愛らしく鼻を鳴らすし、男の子だから「グウ」。本当の名前はついに聞かなかった。きっと、「〇〇、こらっ!」と、名前を呼ばれながら棒でたたかれていたに違いない。私の想像が合っていれば、この子にとって本当の名前を呼ばれるなど恐怖でしかない。そんな名前など聞かなくてもいい、私はそう思っていた。

それから数日後、二月十四日、バレンタインの日である。私は、社長や他の従業員さんにと、山ほどのチョコレートと、新しいリードをバッグに忍ばせ、事務所に出向いた。今日はバレンタイン、あの子に最大のプレゼントをしたい、そう心に誓って。

いつも通り挨拶をし、「皆さんでどうぞ」とチョコレートを渡すと、たまたま事務所にいた社長も、とても喜んでくれた。その後、いつも通りにグウとひとしきり遊び、私は事務所に戻る。

「寒いわねえ。お茶でもどうぞ」

社長夫人が出してくれたお茶を、一口、二口いただくと、私はおもむろに切り出した。

「実は、私も娘たちもあの犬をとても気に入ってしまいまして……。何度かペットショップに行って同じ犬種を買おうかと考えたんですが、どうしてもあの子がいいと思ってしまって、どうしようもないんです。すみません、あの犬を、私にいただけないでしょうか？」

ついにこの言葉を口にした。社長と夫人、二人の反応を全身の神経を集中してうかがう。一瞬、二人はチラリと視線を合わせたが、すぐに返事はあった。

「くさいし噛みつくし、私たち夫妻は犬は嫌いだし……もてあましていたんです。篠原さんにならあげてもいいですよ」

夫人がそう言うと、側にいた社長もうんうんとうなずいた。

（やった！　グウ、やったよ！）

思わず涙がこぼれた。

「そんなに欲しかったんですか。それならもっと早く言ってくれればいいのに。私たちも、篠原さんにもらっていただこうかと思っていたんですよ」

夫人はそう言いながら笑みを浮かべる。

（もう少し、もう少しだからね、グウ）

「本当ですか？　ありがとうございます。娘たちも本当に喜ぶと思います。今日、連れて帰っていいですか？」

「ええ、どうぞ、どうぞ」

笑顔でそう言うこの夫妻にとっては、いいやっかい払いができたのだろう。でも、それでいい。私はグウを引き取ることができれば、もう二度とこの人たちと会うことはしない。「犬をあげたら来なくなった、恩知らず」そう言われてもかまわない。グウがくさくなったのも、噛みつくのも、全てこの人たちが悪いのである。私には、私たちと同じ命を持っているグウを、犬だからという理由で邪魔者扱いし、足蹴（あしげ）にしているこの人たちを許すことはできない。

「グウ、引き取れたーーーー」

私はすごい悪臭を放っているグウを抱きあげ、小躍りしながら家に駆け込んだ。

「本当？　やったじゃない、お母さん！」

長女、長男、次女、三女、四人の子どもたち全員が、玄関にすっとんでくる。グウから発せられるすさまじい悪臭は、玄関から家のなかにすでに流れ込んでいた。

「すごいにおいだね」

話は聞いていたものの、学校の都合でまだ一度もグウに会ったことがなかった長男と次女が鼻をつまんだ。

「うん、すぐに病院だよ。どうやら耳からにおっているみたいだから」

私はグウに新しいリードをつけこの腕に抱いた時に、このすさまじい悪臭がいったいどこから発せられているものか、嗅覚をとぎすませて色々な場所をかいでみた。体全体も相当くさかったが、我慢できる程度である。でも、垂れた耳を上にめくってそのなかのにおいをかいだ時、思わず息がつまりそうになった。

（耳だ！　耳のなかからのにおいだ！）

酢のような酸っぱいにおいと、何とも言えない何かが腐ってすえたようなにおいが混ざり合い、どうしようもない悪臭となって、耳のなかから放たれていたのだ。

「まずはシャンプー！」

どこかに炎症があると考えられる場合、本来ならシャンプーなどしてはいけない。炎症が治ってから洗わねば、症状によってはそれを悪化させてしまう場合がある。しかし、グウの体から発せられるにおいは相当なもので、たくさんの犬を保護し、かなりの悪臭に耐えてきた私でも、今回だけは少しでも軽減させたかった。グウのにおいは、それだけひどかったのである。

「お母さん、シャンプーは私がやるよ」

長女がそう言いながら、私からグウを受け取り、抱く。

「色々見てみたけれど、皮膚に炎症はないみたい。でも、耳のなかは確実に炎症が起きていると思うから、シャンプーの流し水とか絶対に入れないでね」

「わかったよ、きっちりと注意するから」

長女は、とても几帳面な性格をしている。時に、この性格が災いして自分を追いつめてしまうこともあるのだが、こういう場合は一番の適任者で、最も信頼の置ける存在だ。

グウはこの後、五回もシャンプーされる。

「流しても流しても黒い水が出るの。いったい何年間、外飼いされていたんだろう」

長女はそう言った。

「爪も切らなきゃね」

グウの爪は、伸びすぎてクルリと巻き、足の裏にあるパッドに食い込んで、そこから血がにじんでいる。

「私が保定するから、恵理奈が切って」

私はそう言うと、シャンプーしたおかげで悪臭の減ったグウを横抱きにし、しっかりと保定した。

保定とは、犬が苦しくない体勢でその動きを封じ、獣医師の診察を安易にする方法である。失敗すれば、保定している側も、治療する側も噛みつかれる。「保定三年」と言われるほど、経験を積まないとうまくできるようにならない、難しい押さえ方だ。

しかし、私には過去にかなりの経験があったので、すでにできるようになっていた。

私に保定されたグウは、動けるはずもなく、その隙に長女は慣れた手つきで、パチン、パチンと爪を切ってゆく。グウは爪を切られるたびに暴れようとし、ビクッ、ビクッと体を震わせた。可哀想だけれど、爪が刺さったままにはしておけない。

「ごめんね、嫌だよね。でも我慢してね」

私はグウにそう声をかけながら、保定の手をゆるめることはしなかった。爪切りがすんだ後、すぐにかかりつけの動物病院へ向かう。まずは何か感染症があるかないかを診てもらい、全体的な健康診断を受け、何もなければ予防注射をしてもらう。

あんな状態でほうっておかれたのだから、きっと混合ワクチンも受けさせてもらっていないはずだ。グウの骨格から察するに、体重は九キロ前後あってもいいはずなのだが、グウはわずか五・五キロしかなかった。飢餓状態である。

犬は気温が下がると、体毛ばかりでなく、蓄積した脂肪を燃やして体温を維持する。グウはまだ餓死に至らなくても、体温を維持するのに燃やす脂肪がまったくないために、いつ凍死するかわからないといった状態であった。

その上、グウの耳のなかは腐りかけていた。

「半年以上前から炎症は起きていたものと思われます。それを放置されたものだから、ここまでひどくなってしまったんですね」

グウの耳のなかは炎症が進み、膿（うみ）がたまり、そこに緑膿菌（りょくのうきん）が発生していた。緑膿菌は、寝たきりになってしまった方に褥瘡（じょくそう）（床ずれのこと）ができ、そこに発生する菌だ。通常の膿の色と違って緑色をしており、その感染力は非常に強く、少しずつ皮膚や筋肉といった部分を溶かしてゆく。

「このまま放置すれば、内耳を溶かして脳に入る可能性がありましたね。そうなると死に至ります」

過去に数頭、犬と暮らす資格のない飼い主から、グウを迎えたのと同じ方法で雑種犬を譲り受けたことがあるが、そのなかでも最もひどい状態である。危なかった。引き取れて本当によかったと、心からそう思う。

それから私たちは、グウの耳の治療に専念した。朝晩の服薬に加えて、日に二回、耳のなかに医療用のイヤークリーナーを垂らし、耳道（じどう）をよく揉む。イヤークリーナーを耳から出そうと、数回にわたってグウ自らが顔を振るので、そのたびに排出されたイヤークリーナーをていねいにふき取り、その後、点耳薬（てんじやく）を入れる。

緑濃菌が発生するほど炎症を起こしたグウの耳道を揉むことは、グウにとって痛みを与える作業だった。グウは耳の手当をするたびに、激しく抵抗し噛みついてきた。噛みつかれた場合、本来ならきちんと叱らねばならないが、しつけはいつでもできる。

今はとにかく耳の治療が最優先だ。

あまりにも暴れるものだから、グウにほどこす処置は、グウを押さえる役、耳にイヤークリーナーと点耳薬を入れる役と、二人がかりになる。定期的に検診を受けながら、二ヶ月ほどで、グウの耳の炎症はすっかりよくなった。パッドの傷も完全にふさがり、体重も増加しはじめる。

その頃から、今度はグウの心の傷を治さねばならなくなった。グウは、私たちが事務所を訪ねた時は大歓迎をしてくれたが、我が家での生活に慣れてきた頃から、表情を失っていく。グウにとっては、動けないように体を保定され、痛い耳に薬を入れられて揉まれるといった処置は、きっと棒で殴られたのと同じくらいのショックと痛みだったのだろう。

または、最初からグウは、私たち人間に何の期待もしていなかったかもしれない、とも思う。事務所に行った時に大喜びしてくれたのは、たんに私たちが珍しかったのと、私たち以外に誰もかまってくれる人がいなかったからであろう。

その他、耳の処置以外の時でも、色々な場面で噛みついてくるのがわかった。すぐに権勢症候群の治療と、心のリハビリを始める。私は毎日グウを抱き、とにかく話しかけた。

また、信頼関係を結ぶために同室で寝た。同室寝は、保護したばかりの犬によく使う手で、同じ部屋に寝ればいいだけである。それだけで、犬は人間に守られているという安心感を得ることができ、こちらも何かと話しかけるきっかけができる。すると、犬がより早く心を開いてくれるのを、私は多くの保護犬から教えてもらっていた。

一つ注意することは、この時に、布団やベッドに入れてはいけないということである。ベッドや布団を気に入った犬が、『お前はこの上にのるな』と、それらに手をかけた人間に噛みついてくる、といった状態になる危険性があるからだ。ただし、完全な上下関係ができており、犬が人間よりも下位になっていて、人間が寝ようとした時、命令せずとも犬が自分のいた場所をあけわたすまでになっていれば、一緒に寝ても支障はない。

権勢症候群の治療は着々と進み、一ヶ月ほどでグウの噛みつきはなくなった。上位に立っていたグウが、その立場を私に譲ったこと、それは、私に絶大な信頼を置き、そして命までをも預けようという気持ちを持ってくれたということである。固く閉ざされていた心の扉も、権勢症候群がよくなっていくのと並行して開かれていった。

無表情だったグウに明るい表情が戻り、私の後をずっとついて歩くようになった。もちろん、お気に入りのオモチャを取りあげたとしても噛みついてこない。

「グウ、耳の治療、痛かったね。よく我慢したね。これからは何の痛みもないよ」

私は、グウをギュッと抱きしめた。グウはそのまま、私の愛犬になった。部屋のなかであっても、ちょっとでも私が動くとすかさずついてくるグウを、私は新しい家族に渡すことができなかったのである。

私はグウの誕生日を聞いてこなかった。それくらいは聞けたのであろうが、あの時の私はとにかくグウを救いたくて、聞く余裕がなかった。誕生日は、やっとこの腕のなかにグウを抱くことができた二月十四日と決めた。

あれから三年、グウはどこに行く時でも私の後をついてくる、ストーカー犬になった(笑)。今、こうしてグウとのエピソードを綴っている間も、フゴフゴといびきをかきながら、温かくて優しい安らぎのなか、穏やかに過ぎてゆく時間を楽しむように、私の足にその体を密着させて寝入っている。

第三話　犬が人の心を救うとき

今回のスクールに参加した生徒家族の数は六組、私の自宅で最初の講義を行う。

「先生、確か組数が集まれば、出張もしていただけるんですよね？」

「ええ、来ていただくより若干授業料は高くなりますが、組数が集まれば出張させていただいていますよ」

「でも、高速でここに来るより、経費は浮きます。じゃあ皆さん、組数を集めましょう」

その生徒は、笑顔を浮かべて他の生徒家族にそう言った。この時は、たまたま六組の生徒家族全員が、東京から参加していたのだ。

出張教室を開室する場合、群馬県をのぞいた関東で、最低八組の生徒たちが集まり、そして犬を動かせる場所があれば、出張させていただいている。生徒たちはすぐに知人に声をかけ、結果、アッという間に八組が集まり、また、授業ができる広い場所も生徒のはからいで確保できた。こうして私は、毎回東京まで出張させていただくことになる。

「今日から、二回目の授業を始めるところなんですが、新しく参加してくださったご家族が二組いらっしゃるので、しきりなおしという意味も込めて、再度、一回目の授業から始めたいんですが、いかがですか？」

「それは御の字です。授業が一回多く受けられます」

と、私の自宅で一回目の授業を受けた生徒たちが言った。この一回目の授業に参加した生徒のなかには、愛犬が大きな問題を抱えてしまった方はおられなかった。だが、二回目の授業から参加した生徒の一組に、「これはまずいぞ」と思われる生徒がいた。

名前は、ご主人が大好きな場所であるカリフォルニアをもじって「カリフ」。柴犬のオスで、スクール参加時は生後七ヶ月、お子さんがいらっしゃらないご夫妻で、一戸建てにお住まいだった。

カリフは、室内飼いされていた。犬の飼い方には、室内で暮らしている「完全室内飼い」と、夜は家のなかで過ごし朝から夕方までは室外で過ごすという「半室内飼い」、そして、屋外の犬舎または係留(けいりゅう)して飼う「外飼い」と、大きくわけると三種類の過ごし方があり、この暮らし方で犬はずいぶんと違う影響を受ける。

この三種の過ごし方を私は全て経験したが、完全室内飼いと半室内飼いでは、実は犬の様子に大きな違いは表れなかった。どちらも群れの上位者である人が長時間側にいることで、教えなくても人の言葉をよく理解する。

その他、犬種や個々の体力、年齢などによってその運動量に違いはあるが、そういった事情に合わせた適切な運動をして、しつけをしているかぎり、見知らぬ人が訪ねてきたなどということがなければ、極端に興奮する場面はかなり少ない。

それでも興奮して室内を走り回る時間が長い時や、何か物を噛んで自分を落ち着かせようとする時などは、同居している人はすぐに犬のそんな様子に気がつき、犬を別の方法で落ち着かせるはずだ。そういったことの繰り返しが、犬に興奮した気持ちを自分で抑えるという「自我をコントロールする力」を身につけさせる。

犬は、自我のコントロールができるようになれば落ち着いていられ、命令を教える時などに集中できる。集中心があれば物覚えは早い。人と犬とがいつも側にいるという生活様式は、人と犬との種の違いによる距離を縮めるものだ。

飼い方による違いがハッキリ出るのは外飼いの犬である。外飼いされている犬は、自分から同じ群れである人間に近寄ることができず、ただひたすら、人間が近くに来てくれるのを待たねばならない。そのため、人が行くと嬉しさのあまり興奮し、飛びついたり、「座れ」などの命令を理解していても、興奮が邪魔をして落ちついた行動にむすびつかないといった場面が多くなる。

それに加え、自我をコントロールするすべも身についていないので、いったん興奮すると、落ち着くまでに時間がかかる。これは、たとえ室内飼いや半室内飼いをされている犬でも、運動量が足りなかったりすると同じ様子が多々見受けられるものだ。

犬は群れを作って生活する習性があり、自ら他犬に寄っていったり、逆に近づかれたりもする。離れ狼のような犬でないかぎり、群れと離れて独りポツンと暮らすことはない。だからこそ、群れの結束がより固くなるのだ。

だが、外飼いの場合は、犬同士や、犬と人の間に起こるさまざまな出来事をリアルタイムで経験することが少ない。そういった点においても、犬本来の習性を生かしきれていない暮らし方といえよう。

しかし、犬といつも一緒にいればいい、というわけではない。なかにはどこに行く時にでも愛犬を連れていき、犬を独りにさせない暮らしをしてしまった生徒がいるが、こういう生活をすると犬は片時も人から離れられなくなってしまう。独りにさせられ

るとずっと吠え続けていたり、普段はちゃんとトイレでできるのに、わざわざ他の場所で排泄したり、届く場所に置いてある物を破壊しまくる、という行動をひきおこしかねない。これは分離不安症候群という心の病気だ。こうならないよう、完全室内飼いをしている方はご注意いただきたい。

カリフの家は、ご夫妻が共働きをしていた。生後三ヶ月の時にペットショップで買われたカリフは、日中十時間も独りで暮らしていたために興奮しやすいといった症状はあったが、分離不安症候群の症状はまったくなかった。幼い頃は、ご主人のご両親が昼間の面倒を見てくれていたそうだ。

柴犬の歴史はとても古く、縄文時代に南方から渡ってきた犬の末裔だと考えられている、日本特有の土着犬である。古語で「小さい」という意味であるシバが名前の由来であるといった説や、毛色が柴色だから、または柴をかいくぐって獲物を追いかけるからなど、諸説ある。各地の山岳地帯で小動物中心の狩犬として飼われていた。一時はその数をかなり減らしたが、愛好家が保護、繁殖して数を増やした。昭和十二年には天然記念物の指定を受けている。

日本犬のなかでは一番小型であるが、その気質は勇敢で気が強く、冒険心があり好奇心旺盛で、訓練は比較的しやすい。日本犬特有の一代一主（ワンオーナー）（一生に一人の主人しか決めず、家族という群れに固着して生きるさま）という性格を色濃く残しており、他人には実にそっけないか、犬の気持ちを無視して近づいたら、攻撃される場合もある。

　本来はあまり吠えず、犬としては珍しいキャッという高い声を発するが、私が見るかぎり、よく吠え、神経質で気が小さく、でも家族には強気に出るといった個体が多いようだ。こういう気質の犬は、しつけ方を間違うとすぐ権勢症候群になり、スクールにもかなりの数の柴犬が治療を受けにきた。幼少時から、個体に合う服従訓練が欠かせない犬種だと思う。

　カリフは黒褐色（こっかっしょく）といわれる毛色で、全体的に黒色をしており、両目の上にタンと呼ばれている茶色の斑点（はんてん）がついていて、よく見かける柴犬より大きい「縄文柴」という個体で、なかなかキリリとした精悍な風貌をしていた。

　スクールにはご夫妻で参加されていたが、その問題行動の多さに私は驚いた。

「俺、どうしても犬が欲しいよ」

「でも、私は犬が本当に苦手よ」

「俺が全て面倒を見る。お前は何もしなくていいよ。なっ、絶対にやるから」

「どうしても……なの？」

「どうしても！」

何を言っても夫の意見はかわりそうにもない。そう感じた奥さんは、仕方なく、

「そ、そう……そこまで言うのなら……」

今になって私が想像するに、カリフを購入する時、このご夫妻はきっとそんな会話を交わしたに違いない。

こうして、ご主人に押しきられてカリフを迎えた奥さんだが、本当に犬は苦手だったらしい。三ヶ月というまだまだ扱いやすい月齢であり、コロコロと太ってとても可愛らしいカリフを、奥さんは家に迎えてから二週間、さわることができなかった。

それればかりでなく、やっとさわれた時も、両手を差し出しその手の上にカリフをのせてもらうという有様。三ヶ月にもなった柴犬が、女性の両手のひらにのるはずもなく、案の定カリフは転げ落ちそうになり、慌ててご主人が受け止めた。

ご主人は……というと、

（実際に子犬が来てしまえば、すぐにさわれるようになるだろう）

と、安易な想像をしていたという。

可愛い盛りの子犬を二週間もの間抱くこともできなかった奥さんの気持ちを、じっくり考えて早い段階での対処をしていたなら、違った結果が出ていたかもしれなかったが、

（一緒に暮らしているんだ。そのうち慣れるだろう）

その程度にしか考えていなかった。

しかし、どんどん成長し、やんちゃになっていくカリフに対する奥さんの反応は、ご主人の楽観的な想像を裏切った。最終的にまったくカリフにさわれなくなったどころか、犬が苦手だ、という気持ちはますます強まり、犬恐怖症とも言える症状を引き起こしたのだ。

「カリフは俺が育てる」という約束はきちんと守られていたが、育てるご主人自身が犬のしつけ方をまったく知らなかったというのも、大きな誤算だった。例えば、共働きで昼間は十時間もカリフを独りきりにしてしまい可哀想だという思いから、カリフがわがままを通しても、いけないことはいけないといった毅然とした態度をとることができず、甘やかし放題で育ててしまったそうだ。

結果、唸る、噛みつくは当たり前。都内に二階建ての一軒家をかまえていたが、気

がついた時には、階段の手すりは根元がかじられすぎてぐらついている始末。また、壁もところどころはがされて、家のなかはボロボロになっていた。

「そればかりじゃないんだな。あのね、座って食事ができないんだよなあ」

ご主人の話し方はこんな感じである。それがまた、実にひょうひょうとしていて、悩んでいるようにはとても見えない。その表情は言葉とは裏腹に私を和ませる明るい感じで、ついつい私も笑顔になってしまうほどだ。

「カリフのお父さん、本当に悩んでるの？」

私はスクール中、この言葉を何度も口にしたが、

「悩んでるよお。だからスクールに来たんだもん」

などと答える表情は前記した通りで、私は苦笑しながらも何度も首をかしげた。

「なんで座って食事ができなくなったの？」

私がそう質問すると、またまた明るい声で、ご主人は話しはじめる。

「いやあね、最初は低いテーブルで座って食べていたんだけどね、カリフがテーブルの上にのって、俺たちの食事を食べちゃうんだよね」

「ふむふむ、じゃあ椅子に座って食べるタイプの食卓にしたら？」

「それもしたんだなあ。でも、今度は飛びあがって俺たちの手に噛みつくんだよ」

「ええぇ、それで今はどうやって食べてるの？」

「二人で立ってね、茶碗を持ったらこう腕をあげて、ササッと食べてるの」

　ご主人は食事時の様子を再現するように、茶碗を持つしぐさをしながら、両腕を頭のあたりまで持ちあげた。

「毎回、そんな食事の仕方をしてるの？　それじゃ大変でしょう」

「そそそ。大変なんだよなあ」

　と言いながら、またご主人はニコッと笑う。私は夫妻二人が立ったまま食事をするその情景が目に浮かび、思わず「ハハハ……」と苦笑いした。

　奥さんは、私とご主人の会話に始終口をはさまなかった。笑顔はないが、それでも自分には関係ないといった表情もなく、私たちの会話にうなずいている。こんな奥さんの態度から、私はスクールには「二人で」参加してきたものだと思い込んでしまった。が、後になって聞くと、奥さんはついてきただけで、参加したのはご主人のみだったそうである。

　しかし、私のこの誤解が後になって大きくも嬉しい誤算となった。

「噛みつくのはどんな時？」

「カリフが気に入らないと思った時だな。とにかく手をねらってくるんだよ」

「ふーむ、そうなんだ。あのね、カリフが小さい頃、手を使って遊ばなかった？」

「ああ、遊んだ、遊んだ。最初はパクパクと噛みつかれても全然痛くなかったんで、手を使ってさんざん遊んだ」

子犬と遊ぶ時、自分の手を使って遊ぶ方がおられるが、私はこういった遊びは絶対にしない。というのも、子犬が成犬に成長する過程において、かなりの確率で、「噛みついて遊ぶ」が「噛みつく」といった行為に移行するからだ。

遊びが本気にかわった時、人は「噛みついてはいけない」と犬に教えるようになる。しかし、犬の立場に立ってみたらどうだろうか？　今まで「よし」とされてきたことが、ある日突然「いけない」にかわるのだ。とまどったり、迷ったりするのは当然である。

「犬は経験したことが全て」と前記したが、幼い頃の経験は実に抜けづらい。特に、楽しい、美味しい、怖い、痛いなどといった経験は、確実に犬の脳にすりこまれていく。そのすりこまれてしまった経験を、今度は抜かねばならないのだ。これを「脱感(だっかん)

作」すると言うが、本当に難しい作業である。

この回のスクールに、ここまでの症状が出ている犬はいなかった。なかには、保護犬を迎える前に講義部分の勉強を済ませ、実技の練習に参加しているご夫妻もいた。何かを治すというより、犬についてもっと勉強したいという飼い主さんがほとんどだった。

「さあ、皆さん、とにかく脚側行進の練習をしましょう」

脚側行進とは、犬が飼い主の左側につき、人が、走る、早足、普通、遅く、カーブを描きながら歩くS字歩行、九十度にカクカクと曲がるクランク歩行、真っ直ぐに歩いて回れ右をするようにクルリと方向を変える、などのリーダーウォークをしても、犬がピタッとついてくることをいう。

脚側行進ができるということは、犬はリードする人間に全幅の信頼を置き、歩く速さもコースも全て人に任せているということになる。脚側行進はするが他の場面では噛みつくといった犬も例外的にいるが、通常はその人物を上位者として認めているということだ。

犬が突然飛び出すことや、連れて歩く人間よりも前へ前へと突き進むことはしないので、散歩時の安全も約束される、大切な訓練である。私は、全ての生徒に脚側行進を練習してもらい、卒業時にはみんなできるようになっていただいている。

脚側行進の練習をする時、カリフのお母さんに満面の笑顔を浮かべてこう声をかけた。

「はい、ご主人はそこまで。今度は奥さんがやってみましょうか」

私はこの時のことを、今でもかなり正確に思い出すことができる。

「えっ、私が？」

「ええ、奥さんも練習するんですよ〜」

私の言葉に素直に従い、すぐにカリフとご主人の側に走っていき、ご主人にかわってリードを握った。だからこそ私は、奥さんが見学者として参加したことに、最後まで気がつかなかったのである。

スクールでは、脚側行進のほか、脚側停座（きゃくそくていざ）（一緒に散歩している人間が立ち止まると犬が自ら座る）、座れ、待て、伏せ、来い、ボール遊びの仕方、人間がリーダーとなってする散歩の仕方、他の犬や他人とのすれ違い方や待たせ方、声かけなどなど、色々な場面を想定したたくさんの練習を行う。カリフの場合、それと並行して服従訓練も本格的に行っていただいた。その結果、カリフの症状はどんどんよくなり、スクール開始時に起きていた症状は、ほとんどなくなっていく。

スクール修了後、私は、自宅に設置してある六百坪ほどの広さのドッグランで、キャンプを開いた。ＯＢたちが、愛犬を連れて次々とやってくる。なかには奈良県からスクールに参加した生徒も来てくださり、「遠いのに来てくれて、本当にありがとう」と、心からお礼を言った。

もちろん、カリフの飼い主ご夫妻も参加してくれた。私たちは愛犬をドッグランに放したまま、タープのなかで柔らかな光を放つランタンを囲んで、犬談義に花を咲かせた。

「しかし、こんなに早くカリフが治るとは思わなかったなぁ」

私は思わずそう言った。症状の多さと激しさから完治するまでには半年以上の時間がかかると思っていたが、カリフは週単位でよくなったからだ。

カリフの場合、権勢症候群を含めた全ての症状が短期間でよくなったが、こういう例は特別だと思っていただきたい。通常、治療にはその犬の年齢分は月日がかかるものだ。三才ならば、三年かかってそういう犬にしてしまったので、完治までにも三年かかると思って専念すれば、必ずよい結果を得ることができるだろう。

「ええ、本当にみるみるよくなって、ビックリしています」

奥さんが、カリフを自分の膝にのせて、愛おしそうになでながらそう言う。

「実は先生、私、スクールに参加する前は帰宅恐怖症だったんです」

「帰宅恐怖症？」

「はい……。会社から家に帰る時、今日はどんなものが壊されているんだろう、また噛みつかれるんだろうなあって考えると、カリフが待つ家に一人で帰宅するのが怖くなってしまって……。駅の側で主人が帰ってくるのを待って一緒に帰宅するようにして、必ず主人に先に家に入ってもらっていたんです」

「ええっ、私、そんなこと聞いてませんでしたよお。言ってくださればよかったのに」

「はい、ついつい、言いそびれてしまって……」

奥さんはニコッと笑った。

この時、私は初めて、奥さんがまったくカリフにさわれなかったことや、スクールに参加する予定だったのはご主人だけで、奥さんはただの「つきそい」だったことを聞かされる。そんなにひどい症状が、この奥さんにあったのか……にわかには信じられない。だって、今、私の目の前にいる奥さんはカリフを抱き、目を細めて優しくなでているのだ。この方が帰宅恐怖症にまでなっていたとは、とても思えなかったのだ。

私は犬に恐怖心を持っている方には、細心の注意を払う。怖くなるにはいくつかの理由が必ずあり、それが心の傷になっているからだ。無理をさせてしまうと、その傷はますます深くなり、犬と全くつきあえなくなってしまうおそれがある。しかし、カリフの場合、奥さんのそんな心情や状況をまったく知らなかったものだから、私は通常の生徒と同じ扱いをしてしまった。きっと、辛いことが多かったろう。私がそれを謝ると、

「そんな時もありましたけど、でも、カリフがどんどんとよくなっていったんで、そのうちそんな気持ちがどこかに吹き飛んでしまいました。それどころか、さわれるようになったら、もう可愛くて可愛くて」

奥さんは、カリフに頬ずりしながら言ってくださった。

人間って、こんなにかわるものなんだ、私はそう思った。

噛みつく犬に育ててしまったのは飼い主である。でも、そうなってしまった愛犬と

真正面から向き合い、決してあきらめることなく心を込めて治療した結果、子犬でさえ抱くことができないほどだった人の心がここまで救われた。よくなっていく愛犬とともに心の傷が癒されることを、カリフとご夫妻から教えていただいた。

その後、なんと奥さんから、「飼い主のいない犬を新しい家族として迎えたい」というお申し出をいただき、捨てられた保護犬を一頭、カリフの弟分として迎えてもらった。その犬は、モグという名前をつけてもらい、カリフとご夫妻と仲良く暮らしている。

人間ってすごいじゃありませんか！　犬ってすごいじゃありませんか！　今私は、つくづくそう思う。

第四話　犬と家族の幸福な絆

「先生、私、陸と暮らすことをやめます。陸はいない、そう思うことにします。それで、私、働きます。そのお金で別の犬を飼って、先生に預けて基礎だけしつけてもらって、その犬と暮らします」

「同じ屋根の下に陸がいるのに、そんな風な暮らし方をするの？」

「はい、もうそれ以外ないと思っています」

うーん、私は思わず考え込んでしまった。

その電話が鳴ったのは、私が収容所の様子を写真とともに書き綴った『天使になった犬達』（二〇〇六年五月・オークラ出版刊）を出版してから、数ヶ月後のことである。その著書が地元のタウンニュースで紹介され、その記事を見て電話をいただいたのだ。電話をくださったのは奥さんで、

「とにかく噛みついてどうしようもありません。しつけなおしたいのですが、教えて

いただけませんか？」

と、力説している。私は年齢や犬種、症状をこと細かく聞いた。

名前は「虎太郎（こたろう）」。年齢は生後八ヶ月、オスのウェルシュ・コーギー・ペンブロークとのことで、散歩時に引っぱるのは当たり前、噛みついてもくる。物を取りあげることは一切できず、奥さんはまったく犬にさわれなくなっているとのことだった。色々な本を読みあさって自己流でしつけをしたらしいが、思うような結果は得られなかった、と言う。

私のスクールに来られる生徒のほとんどが、しつけや訓練に関する本をたくさん読んでいる。しかし、本のようにはうまくいかないとおっしゃる方が多く、だからこそスクールに参加するのであろうが、それは実は、あながち本のせいばかりではない。私もたくさんのそういった本は読んでみたが、新しい本であれば、どの本にも極端に悪いしつけの仕方は載ってはいなかった。

では、なぜ、本の通りにいかないのであろうか。それは、著者の言いたいことが、実際の場面においてどういう風にしろと言っているのかが、読み手にうまく伝わらないからだ。

例えば、「大きな声を出してくださいと」と書いてあったとしよう。大きな声とは、実際にはどんな声なのか。これは、各自の受け取り方で、かなりの幅がある。著者の考えている大きな声が、読者の考えるそれと異なって当然なのである。この違いが出れば出るほど、著者の言いたいことが伝わりづらくなり、実践では役にたたなくなってしまう。

また、その他に、それぞれの犬種が持っている特性はもちろん、その犬の個々の性格や、飼い主の性格、ライフスタイル、犬という種に対する理解度や技術なども重要な要素だ。それらは全て違うもので、この犬にはこの方法がうまくいったからといって、別の犬にもそれが通じるとはいえない。

本には一般的なことが書かれているだけで、全ての犬に合う方法が書かれているわけではない。それらを理解するまでの経験がないと、自分の思い描く結果は得られないのだ。

「コーギーの権勢症候群か……困ったな」

私は正直そう思った。今まで出会ったコーギーも、かなり手強い子が多かった。だからこそスクールに来るのだが、一度噛みつくことを覚えてしまったコーギーは、なかなか治らないという印象がある。ここでお断りしておきたいのは、コーギーの全てがそうであると言うわけではないということだ。育て方が悪ければ、どんな犬種でも問題行動を起こす。

以前、私が生後四ヶ月から育てたオスの保護犬コーギーは、信頼関係をしっかりと築きながら気合いを入れてしつけた結果、人間が大好きで、人間を完全に上位者として見るように育った。脚側行進なども全て身につけ、噛みつくのかの字もなく生徒の家の子になれた。今でも、何をされてもただの一度も唸ったことすらない。

虎太郎を見て最初に感じたことは、とにかく地面のにおいかぎに夢中で、名前を呼んでも、関心が持てるようなしぐさをしてもらっても、まったくアイコンタクト（人と犬とが視線を合わす）をとろうとしないということだった。

以前、散歩中に拾い食いをし、美味しい経験をしたという。それ以来、また何か落ちてやしないか探す作業に夢中であることと、人に対してあまり関心がないことが、人をまったく見ない原因ではなかろうか、と考えた。

「とにかく拾い食いがすごいんです」

「拾い食いは危ないですねぇ。毒物でも落ちている可能性はありし、中毒を起こす植物もたくさんあります。何かをくわえた時に取りあげることはできますか？」

「とてもじゃないけど、それはできません。ものすごい勢いで攻撃してきます」

「それじゃ困りますね……」

通常ならば、しつけのしなおしは全て飼い主家族に行っていただいている。しかし、私が一時的に預かり、服従訓練をした上で、飼い主がしつけを続行したほうが早い、もしくは、飼い主家族にも犬にも精神的な負担がかからないということもある。その場合は、少なくとも三週間の予定で預かってしまう。虎太郎の場合、私が預かったほうがよいだろうと判断し預かったのだが、それには理由があった。

虎太郎を初めて見せていただいた時のことだ。ご夫婦が小学校二年生の娘さんと、虎太郎を連れてやってきた。ご主人が虎太郎をつないでいるリードを持ち、どんな症状が出ているのかなどの話をしていると、虎太郎がスッと奥さんの側に寄った。

決して噛みつこうとしたり、飛びつこうとしたわけではない。ごくごく自然にスッと寄っただけだが、この時奥さんは慌てて虎太郎を避けて逃げたのを、私は見逃さなかった。

（ん？　今の逃げ方は何？　こりゃ権勢症候群を治すほかに事情がありそうだな）

「奥さん、奥さんは虎太郎をさわれますか？」

「いいえ、まったくさわれません」

「そうですか。今まで虎太郎の面倒は誰が見てきたのですか？　また、どんなしつけをしてきましたか？」

「面倒を見てきたのは俺です」

ご主人が答えた。

「小さい頃から噛み癖があって、叱っても叱っても治らないものだから、何度か殴ってしまいました。体をひっくり返すのは日常茶飯事で、そのたびに虎太郎はオシッコをちびりながらでも、大暴れして噛みついてきます」

ひっくり返すという作業は、上位者が誰か教える時には有効だが、虎太郎の場合、殴られたという記憶があるために恐怖心が先にたち、大暴れしたり噛みついたりするのだろう。こういう攻撃を、「恐怖心からくる攻撃」という。

例えば、犬を部屋の隅に追い込んで叱ったり、殴るなど体罰を与えたり、もしくはそういったことをしなくても気の弱い子を強く叱り続けたりすると、心に深い傷を負い、この攻撃が出る。これは、自身を守ろうとする捨て身の攻撃であるから、服従訓

練をしても治らない。攻撃力はとても強く、小型犬であってもこちらがひるむほどで、絶対に引き出してはならない攻撃の一つである。

この攻撃を引き出されてしまった犬は、第一に、人間は怖くない、信用してもいいんだよ、という信頼関係を結びなおし、犬が負った心の傷を癒さねばならない。だが、私が見るかぎり、虎太郎の心の傷は今はまだ浅いもので、それを癒しながら服従訓練をほどこせば、何とかなるだろうというレベルだった。

虎太郎よりも心に深い傷を負っていたのは、奥さんのほうである。本当は、コーギーではなく、違う犬種にしたかったらしいが、ご主人の意見に押されて虎太郎を迎えた。それでも、彼女は、犬が大好きだった。いや、今でも大好きだ。しかし、ご主人と虎太郎が日々戦う姿を見ている間に、犬は怖いという強い恐怖心が生まれ、いつしか虎太郎にふれることができなくなっていってしまった。

でも、犬は好きなのだ。

（どうしてさわることができないんだろう、私って冷たい人間なんじゃないか……）

そう思うようになり、いたたまれなくなって、安定剤を服用するまでになってしまう。

「さっき、虎太郎が側に寄っていった時にスッと逃げていましたが、あれだけでもダメですか？」

「ダメです。怖くて仕方ありません」

奥さんは泣きそうな声でそう言う。

「わかりました。ご主人、少し奥さんを休ませてあげましょう」

「えっ？　どうするのですか？」

「しつけの仕方を間違えたのはご主人です。だから、虎太郎はこうなった。ですから、本来なら最初から最後までご主人自身に治療していただくのですが、今回は奥さんに少し休養をとっていただくという意味で、虎太郎を三週間ほど預かり、最初の服従訓練を私のほうでやります。いかがですか？」

「わかりました。お願いします」

「もう一つ、お預かり中に、四本の犬歯を平らに削ってよろしいですか？　娘さんはまだ小学二年生だし、奥さんは極度に虎太郎の攻撃をおそれています。犬歯が平らになると、はさまれた時にひっかき傷や青あざはできますが、少なくても手に突き刺さったり、皮膚や肉を引き裂かれることはなくなります。今後の安全を考えると、やったほうがよい処置なのですがいかがでしょう」

「その処置も合わせてお願いします」

私の申し出に、ご主人はすぐに了解してくださった。

虎太郎の治療は、長女にやらせることにした。というのも、長女は今まで預かった保護犬のコーギーに何度か噛みつかれていて、コーギーという犬種に恐怖心を抱いてしまっていたのだ。私の片腕としてスクールに参加している長女が、それではいけない。すでに、生徒に対して実技指導をしているのだ。この犬種はできるけれど、この犬種はできない、といったことはあってはならない。

それから三週間、犬歯を平らに削る処置をほどこした虎太郎に、長女は、私が見守る中、絶対に殴ったりしないと虎太郎にわかってもらいながら、噛みついてはいけない、人間のほうが上位者なんだよ、ということをつきっきりで教え込んだ。

結果、虎太郎をお返しする日には、噛みつき、唸りはすっかりなりを潜め、長女にお尻を振りながら抱っこをせがむまでになる。お互い、大変だったろう。でも長女は、虎太郎の治療が成功したことで、かなり自信を回復させたようである。

いよいよ、虎太郎をお返しする日、私は虎太郎に別の名前を用意してもらうようにお願いした。というのも、「虎太郎！」と名前を呼ばれながら強く叱られたり、殴られたりしたために、名前を呼ばれたら次に悪いことが起きるというすりこみができていたからだ。

悪いすりこみをしてしまうと、名前を呼んでも戻ってこない、アイコンタクトすらとろうとしない、なでようと思って名前を呼んでも、恐怖心を引き出してしまうといった現象を引き起こす。私は以後、人と接する時の虎太郎に、保身のための攻撃を引き出すほどの恐怖心は二度と味わってほしくなかった。だから、新しい名前を用意してもらったのだ。

また、革手袋と両腕を守るためのバスタオルを持参してもらった。これは、噛みつかなくなったとはいえ、虎太郎に強い恐怖心を抱いている奥さんの心を守るアイテムだ。私が「絶対に噛みつきません」というお墨つきを出した上にそれだけの防御をすれば、さわれるかもしれないと思ったのだ。

「新しい名前は何に決めましたか？」

「みんなで話し合った結果、陸という名前にしました」

「陸ですか、いい名前ですね」

談笑は続く。

「陸の噛みつきは、すっかり治りましたよ。その他、座れ、待て、伏せ、脚側行進、脚側停座も覚えましたし、陸はなかなか優秀な犬です。犬歯もこの通り平らに削ったので、万が一、噛みつかれても大きな怪我はしません」

私は陸の上唇をめくり、平らになった犬歯を見せながら説明する。

「陸、そんなことをされても噛みつかなくなったんだ」

ご主人が言う。

「そんなこと？」

「ええ。今先生は、陸の唇をめくったでしょう。以前はそんなことをしようものなら、噛みついてきましたよ」

「あははは、そうでしたか」

私は、そのことは知らなかった。それに、長女が治療した以上、何をしても噛みつかないという安心感があったから、何の躊躇（ちゅうちょ）もなく上唇をめくりあげただけである。

その後、いよいよ奥さんにさわっていただくことになった。まずは、用意してきてもらった革手袋をつけ、両腕にバスタオルを巻いてもらう。それから陸を、正座した

奥さんから一メートルほど離れた場所に座らせ、

「では、陸と名前を呼びながら、両手を伸ばしてください」

と、私は指示をした。ところが奥さんは、さっきの談笑の時とは別人のように顔をこわばらせ、微動だにしない。

「大丈夫。もう噛みついたりしないから。噛みつかれても、犬歯は平らになってるし、それだけの防御をしていれば軽く痛みを感じるだけ、大丈夫」

私は笑顔を浮かべ、陸につけてあったリードを引き寄せて、奥さんの手をつかんで陸の前に差し出させた。奥さんは、私にそうされてやっと陸をさわったが、その後すぐに離れてしまった。

「まだダメですか……」

犬の心が傷ついた場合も、人の心が傷ついてしまった場合も、その治療はやっかいだ。特に人の場合は、こうなるんじゃないか、ああなるんじゃないかという想像力があるために、一度持ってしまった恐怖心は犬よりも抜けづらいものである。

しかし、陸も頑張った。治療にあたって、私が見ていたかぎり、長女は陸に無理強いすることはなかったが、いきなり知らない場所に置いてけぼりをくらって、三週間もの間、迎えが来なかったのである。私と長女がどんなに優しくしても、かなりの不安感を味わったことだろう。そういった陸の心境も話したが、奥さんの心の傷は癒えなかった。

「先生、私、陸と暮らすことはやめます。陸はいない、そう思うことにします。それで、私、働きます。そのお金で別の犬を飼って、先生に預けて基礎だけしつけをしてもらって、その犬と暮らします」

「同じ屋根の下に陸がいるのに、そんな風な暮らし方をするの?」

「はい、もうそれ以外ないと思っています」

私は、希望者にかぎり有料で子犬のお預かりをしている。犬の成長過程において、社会性を身につけ、誰が上位者であるのかをすりこむのに最も適している生後三ヶ月(もしくは子犬を迎えてすぐ)から一～二ヶ月間ほどの子犬で、とにかく犬と人との地位を確定させ、また、人間っていいもんだよと理解してもらうのだ。

お預かり時は、ケージも特別な用具も何も使わない。私の愛犬たちと同じように暮らしてもらいながら、少しずつ覚えていってもらうのだ。私の愛犬たちと暮らせば、社会性は自然と身につく。

今まで何頭も預からせていただいたが、この預かりをした犬のなかで、成犬に成長した時、または成長過程において、唸ったり噛みついたりするようになった犬は一頭もいない。

そういった預かりを私がしているのを知っていた奥さんは、新しい犬を買い、子犬の時期に私に預け、噛みつかないという基礎を身につけた犬と暮らすと言いはじめたのである。

「う〜ん……」

私は唸ってしまったが、それだけ奥さんが負ってしまった心の傷は深いということなのだ。私にはそれが理解できたから、何も強要はできなかった。

「では、奥さんにはそういうことにしていただくとして、いずれ犬を飼った時のためにしつけは覚えなきゃならないんだから、ご主人と一緒にスクールで勉強しましょう」

こうして陸は、ご主人とお子さんと暮らすことになり、一つ屋根の下にいたとしても、奥さんは陸とは一切ふれ合わない生活をすることになる。

陸のしつけは簡単だった。なぜなら、すでに長女が治療をしてしまった後だったのだから。私は、それをしつこくご主人に言い聞かせる。

「いいですか？　陸が噛みつかなくなったのは、長女が治したからで、ご主人が治したわけではありません。また以前のようなしつけ方をすれば、必ず元に戻ってしまいます。それを絶対に忘れないでください」

陸を長女が治療した後、八回の授業を行ったが、この間に奥さんの表情がどんどんかわっていった。いつも下を向き加減で暗い表情をしていたのに、顔をあげ、陸と練習するご主人の姿をしっかりと見るようになっていったのだ。

私はその頃、奥さんに一つ、宿題を出した。

「見ての通り、陸をお返しした時は、脚側行進も脚側停座もできていたのに、今はできなくなっています。ご主人の声のトーンも悪いです。なので、陸には全然さわらなくてもいいから、散歩に一緒に出かけて、ご主人の様子をよーく観察してくださいませんか？　それで、どこができていてどこができていないのかを、私に報告していただきたいのですが」

ご主人の陸に対するしつけ方を観察してほしいというのは、本当のことである。できていたことができなくなっているようでは、長女が預かって治療し、しつけをしなおしたことも、陸が頑張ったことも、意味がなくなる。

それも大切なのだが、この時の私には、陸が安全な犬に変身したのを目の当たりにする機会を増やしたかった。夢中で歩いているご主人には見えない様子を客観的な目で見て私に報告するという方法を通して、間接的にでも陸に関わってほしい、と思ったのである。

奥さんは、私の出した宿題を、

「わかりました」

と、笑顔で引き受けてくれた。少しだけだが、暗い雲のすきまから、明るく真っ直ぐな光が差し込んだように思えた。

「陸は、いないものとして生活します」

そう言った奥さんが、たとえ間接的にでも、陸と関わることを快諾したのだ。スクールが終わる頃には、奥さんが負ってしまった心の傷はもっともっと癒えるかもしれない、私にはそんな明るい希望が見えた。

期待を裏切らず、スクールの回を重ねるごとに、奥さんの様子はみるみるかわっていった。自分にも、陸と関われる宿題ができたのだ。人は責任のあることをまかされるのと傍観者でいるのとでは、おのずとその関わり方がかわってくる。私は、奥さんと陸の関係が大きくかわるような気がして、奥さんの心に負担をかけない宿題を出したのである。

陸とご主人の様子を客観的に観察している奥さんの言葉は、実に的を射ていた。その報告を受けて、私はご主人に注意をしたり、やり方を教えたりした。

観察は、さらによい効果をもたらした。以前、奥さんは、毎日くり返されるご主人と陸の格闘を見て、陸を怖がるようになり、そんな自分を責め続けていた。しかし、現在の、ご主人の言うことをとても素直に聞いている陸の姿や、陸とじゃれ合う子どもを見ている間に、その心の傷は少しずつ癒えていたのである。

いよいよスクールも終盤に入った時だ。私はふいに、

「さあて、奥さん、脚側行進とか考えなくていいから、陸を連れて歩いてみようか？」

それこそ、こんなことは何でもない、といった口調で声をかけた。奥さんは一瞬とまどったようだが、

「はい、わかりました」

と言うと、ご主人から陸のリードを受け取った。

「陸、行くよ」

奥さんは陸にそう声をかけると歩きだした。奥さんは、技術面では一切勉強してこなかったのだが、リードはちゃんと教えた通りに短めに持って、陸が自分の左横に来るように誘導しながら歩いている。私は思わず涙がこぼれそうになった。陸がほんの少し近寄っただけでもサッと逃げ、「新しく犬を飼います」そう言い切った奥さんが、今、陸のリードを持って歩いているのだ。

引っぱられながらも陸に話しかけながら歩く奥さんの姿は、みんなの努力があってこその結果である。陸も奥さんも、そしてご主人も小学二年生の娘さんも、決してあきらめない心を持ったすばらしい生徒だと思った。

その後、奥さんは、ご主人のいない昼間でも、陸にリードをつけて、娘さん連れで二十分も散歩に出られるようにまでなり、安定剤はまったく飲まなくなったそうだ。と同時に、陸とは違う新しい犬を迎えると、二度と言わなくなった。

卒業となる八回目の授業が終了した日、

「技術面ではまだ少し不安があります。だから、完全な卒業とは言ってあげられません。来月一度必ず見せにきてください。その後は、来月の様子を見た結果で決めましょう。九回以上のスクール参加は何回でも無料にしたのは、私が関わった生徒さん、そして愛犬のその後を見守りたいからです。卒業したら、はい、終わり、そういうことはできません。何か問題が起きたら、いつでも私が側にいるということを忘れないで、何年経っていても必ずご連絡ください」

私はそう言って、このご家族を見送った。

陸、奥さん、お互いに大切な大切な家族を失わずにすんで、本当によかった。人と人にも縁（えにし）があるように、犬と人もまた、縁という絆で結ばれた者同士だ。これからも、家族仲良く、陸との生活をどうか思う存分楽しんでほしい、私は心からそう願い、この家族が、心と心が通う温かな日々を過ごすさまを見守り続けたいと思う。

第五話　心を失くした犬

誰にでも、俳優や女優のファンみたいな感覚で、好みの犬種はあるだろう。雑種犬が好きという方も、例えば立ち耳の子がいいとか、垂れ耳の子がいいとか、尾は巻き尾がいいとか、スラリとしているほうがいいとか、こんなところに斑点がある子がいいとか。

私はどんな犬種でも、自分で扱えるならば拒まないが、好きな犬種はいる。顔がつぶれている犬種だ。例えば、ブルドッグとか、パグとか、シー・ズー、狆（ちん）、フレンチ・ブルドッグ、ボストン・テリア、ペキニーズなど。

そのなかでも、最初に保護し、愛犬になったのが、ボストン・テリアの「文太（ぶんた）」だったせいか、特にボストン・テリアはその性質も含めて大好きである。

好きな犬種は集まると言われたことがあるが、我が家は本当にそうなっている。チワワ好きの長女の部屋にはチワワの保護犬がたくさんいるし、私の部屋にはボストン・テリアが三頭いる。

正確には、ヘビーの文太、ラージの「我次郎」、「一心」、「葉音」、スモールの「凛音」の五頭がいるのだが、一心と凛音を一緒にすると、なぜか他犬に対して二頭ともに攻撃的になるので、今は凛音が長女の部屋に居候している。

他の四頭が保護犬なのに対し、我次郎は、私が一年かかって見つけ初めて購入した思い入れのある子だ。しかし、一才を過ぎた頃に、ある日突然グワーッと興奮し、その興奮が頂点に達すると、人だろうが犬だろうが誰かれかまわず噛みつくという症状が出た。

普段はとてもおとなしく、誰に抱かれても平気なのだが、瞬間的に火がついたように興奮したら、我次郎という犬はそこにいなくなってしまう。とても攻撃的で凶暴な、まったく別の犬に変身してしまうのだ。

私が子犬の頃から育てた子なので、訓練に失敗したということはない。最初は、我次郎に何が起きたのかと私もかなりとまどったのだが、何かの病気かもしれないと大学病院を受診した結果、突発性激怒症候群と診断された。

頭のなかの電気信号がうまく伝わらない、一種のテンカン発作のような病気だ。その症状は読んで字のごとく、発作が起きたように突然とても凶暴になり、その間はこちらの言うことなどまるで耳に入らないといった症状が出るとわかった。

当時は、まだやっとわかってきた病気で、治療法は確立されてはいなかった。できることと言えば、安定剤やテンカン発作を抑える薬などを飲ませて、発作が起きないように注意することだけだった。

私は薬を飲ませなかった。我次郎の発作は、他犬との接触がスイッチであることがわかっており、そのスイッチが入らない生活をさせれば発作が起きることはなかったからだ。

我が家に来た時から下痢で、それから一才になるまで、やれアトピーだ、やれ肝機能の数値が悪くなった、やれ咳が止まらないと病気ばかりしていた。これは血筋的にあまりよくない交配をされてきたのではなかろうかと思ったが、それを調べる手だてはない。

今は、他犬との接触を避けるために、茶の間に一頭で暮らしている。対人間の生活をしているかぎり、我次郎の発作は起きないのだ。一頭だけというと可哀想な気もするが、家の構造上、トイレの際には必ず茶の間を通る必要があり、そのたびに抱きあげて頬ずりしている。また、他の時間も誰かしらがいるので、誰よりも家族を独り占めしていると思う。

というわけで、私の部屋には一番体の大きい文太と、中間の一心、そして葉音が生活している。文太はすごくすごく可愛がられていた犬なのだが、三才の時、文太の家族に深い事情ができて手放され、私の愛犬になった。

葉音は家庭犬として飼われていたが、ある日、片方の眼球を傷つけてしまった。その時に、飼い主が適切な治療を受けさせなかったために炎症がひどくなり、最終的に眼球は萎縮(いしゅく)してかなり小さくなってしまい、白い膜に覆われて、クルリとした大きな瞳が特徴であるボストン・テリアの目ではなくなってしまった。

しかし、葉音の目がこうなってしまったのは、怪我をした時に飼い主がきちんと治療を受けさせなかったがためだ。ここまでになってしまうまで、痛かったかもしれない、苦しかったかもしれない。そういった葉音が味わった思いはまったく考えてもらえず、かっこうが悪くなった、もういらないと、飼い主は葉音を収容所に入れようとしていた。

奇跡的に収容所に入れられる手前で私と葉音は出会うことができ、この子を我が家に連れてくることができたが、私はその飼い主に今も最大級の嫌悪を抱いている。葉音は、少しもかっこう悪くなんてない。確かに、片方の日は眼球がかなり小さく白い膜に覆われてしまっているが、それが何なんだ。

生活にはまったく支障がないし、性格は温厚で、私の膝が大好き。膝にのると必ず顔をあげ、私の口元を舐めてくれる甘え上手な、とてもよい子である。

文太、葉音、我次郎、凛音にもそれぞれのエピソードはあるのだが、今回は一心のことを話そう。一心との出会いにも、まさに不思議な縁があったと感じている。


「見てみよっと」

私は、インターネット上に開設されている、犬関係のホームページを見るのが好きだ。写真だけではあるが、見たことのない犬種に出会える時もある。好きな犬種を好きなだけ眺めているのも楽しい。

一心と出会った日、私はたまたま検索欄にボストン・テリアと打ち込んだ。ボストン・テリアの愛犬がいる人のホームページやブリーダーが開設しているページなど、あちこちを眺めている間に、ボストン・テリアを販売しているサイトにたどりついた。

店舗を持たず、インターネット上で色々な子犬を販売しているらしい。そのなかのボストン・テリアの紹介欄にアクセスしたのである。

複数のボストン・テリアの子犬の写真が掲載されていて、その写真の横に性別や誕生日、兄弟犬のことなどが情報として書き込まれている。ふうん、こういう子たちがいるのかと少しページを下に移動した時、その子犬の写真が目に飛び込んできた。

「ちょっと待て、こんな子犬、見たことない」

思わずそう感じたほど、その子犬の容姿はおかしかった。

一言で表すならば、その犬はまさに出目金のようだった。小さそうな頭部に不釣り合いなほど飛び出した両目は、眼球の丸い形が容易に想像でき、今にもポトリと落ちそうだ。頭が大きいのか、体が小さすぎるのかは不明だったが、頭部が異様に大きく見えた。

それに加えて、激しい斜視もある。こんな写真では、購入する人はいないだろう。子犬の可愛らしさが伝わってこないどころか、正直、不気味にも見えた。

(この子、頭に病気があるな、水頭症かなあ、それとも目の病気かな、いや、やっぱり頭の病気だな)

私は長年の経験からそう思った。紹介記事には、極小と書かれており、諸事情により販売中止と書かれている。その日は、ページを閉じた。

　気になって仕方なかったが、しばらくの間、このページを開かなかった。何かの病気には違いない、ちゃんと治療されているのだろうか、病気を知りつつも売る業者がいるなか、販売中止にしたのはどちらかというと良心的だ。でも、販売中止になったこの子はどういう生活を送っているのだろう。まさか、処分されるなんていうことはないだろうな……。

　想像は日々悪いほうへと広がり、どうにもこうにも気が治まらなくなっていく。問い合わせてみよう、ダメもとだ、引き取れるなら引き取りたい、私はそういう思いで、改めてその子の写真を見て、メールを書いた。

　返信が来ないのではと思っていたのだが、案外すぐにメールは来た。

『この子は、水頭症の疑いがあると当方の主治医に診断されましたので、販売中止にしました。誠にすみませんが、販売することはできません。ご了承ください』

　予想通りの返事である。

　水頭症とは、脳内に病的に脳脊髄液（のうせきずいえき）がたまる病気だ。その様相で内水頭症、外水頭症にわけられている。

生まれた時からそうであるものを先天性水頭症、後から腫瘍などができて起こるものを後天性（生まれた後に発病したもの。病気によっては、三才までに発病したものも含む場合がある）水頭症という。

出る症状はさまざまだが、嗜眠（とろとろといつも眠っていること）、活動の低下、四肢などの麻痺による運動機能の低下、発作、痴呆、異常行動などの意識障害、不全麻痺、斜視、眼鏡振盪（眼球がいつも揺れていること）、筋硬直、視力障害、姿勢反応異常、知的障害などがある。軽いものから重篤なものまであるが、たとえ軽い症状しかないとしても将来の見通しはかなり暗い。

この子が本当に水頭症であるなら、それはあきらかに先天性水頭症であろう。私は再度メールを出した。

『水頭症という病気の勉強は、とことんしました。重篤な場合、命に関わることもあり、また、それらがなくても、痴呆や運動機能障害などが出れば、日々の生活にも人間の手助けが必要になってくるでしょう。そういうことの全てを承知しています。その上で、あえてこの子を譲っていただけないでしょうか？　写真を見た時から、この子が頭から離れません。縁だと思います。よろしくお願いします』

相手からは迷うような返信が来た。それでも私は、譲ってほしいと懇願し続けた。ここであきらめてしまったら、私はこの先ずっとこの子が気になり、なぜあきらめたのかと後悔するだろう。それが私の性分なのだ、自分ではどうすることもできない衝動だった。

メールのやりとりをしていた頃の私は、そろそろ年老いてきた大型犬たちとの永遠の別れを考える日々を過ごしていた。生きとし生ける者には、私も含めて皆平等に天寿を全うする日がやってくる。その日のことを考えてもそれは仕方のないことで、全員を看取るのが、私が最後にしてあげられることだと重々承知していた。

だが、虐待を受け、心を閉ざし、心に負った辛すぎる痛みを消すのに七年かかった「くろ」は十三才、八才前後が寿命と言われている超大型犬の「十兵衛」と「蓮（れん）」は七才、十～十二才が平均寿命だと言われているアフガン・ハウンドの「カイザー」が十二才ともなると、その日はいつか来る日などではなくて、私にとっては現実に迫っている日だったのである。

この子たちが天使になったら、私の部屋には八才になる文太しか残らない。私はそんな状況に自分が耐えられるかどうか、自信がなかった。その日のためにこの子を迎えようなどと具体的には思っていなかったが、今思えば、私はこの子と運命共同になって、この子のこれからと自分の心を守るために縁をつなぎたかったのかもしれない。私の熱心なコールに、とりあえず見にきてくださいと相手が言ってきた。幸い、同じ関東だったので、私は一番早い日に予約をとり、長女と三女を連れてその子に会いにいった。

そこは、ショップというより、まったく一般家庭のようなたたずまいの家だった。あえてショップは持たず、インターネット上だけで子犬の販売をしていると言う。早速、奥からその子を連れてきてくれた。

「この子です。言い忘れましたが、今アカラスにかかっていて、背中はこんな状態です」

その子の背中は、その大半の毛が脱毛し、肌が剥き出しになっていた。

「ホームページに載せた頃は生後一ヶ月強ほどでしたが、今はもう七ヶ月になって、こんなに元気なんですよ」

ショップのオーナーは、そう言いながらその子を床に置く。するとその子は、トコトコと歩きだしたのだが、その歩き方はとても変だった。犬の歩き方というよりも、子鹿がはねるような感じで、一歩ごとに前足を馬のようにあげるのである。

それともう一つ、犬らしい表情がまったくないことを、私は見つけていた。この時期の子犬なら、ケージから出してもらえたのを嬉しがる。または、「人間のそばに来られたぁ」と、はしゃいで部屋中を走り回るか、見知らぬ私たちを警戒して観察するものだ。

気の強い子なら物怖じせず、何者なのかを確認しにきたりするものなのだが、この子にはそういった行動の全てがなく、一歩、一歩と変な方法でただ歩くだけで、私たちはもちろん、六ヶ月以上面倒を見てきたであろうオーナー夫婦すらも見ることはない。

私のなかで、今までつきあった、表情をなくしてしまった犬たちの顔が、次々と浮かんでは消える。子犬らしさ、犬らしさ以前に、喜怒哀楽といった感情の一切がないのである。

またか、また心を閉ざしてしまった子か……、とても悲しくなった。どうして人間は、犬がその心を閉ざさざるを得ない環境に置いたり、しうちをしたりするのだろう。特に、遊びたい盛りの子犬がその心を閉ざすのには、よほどの苦しみや悲しみがあるはずだ。私は大きなため息をついた。

　しかし、一つだけ朗報だったのは、写真で見た出目金のような両目は、頭が大きくなったせいか、そんなに目立たなくなっていて、激しい斜視もそこそこ治っていたことである。水頭症を発症しているならば、出目金のような目は治らないはずだし、斜視もよくなるとは考えづらい。

「この子は水頭症だと診断されているのですか？」

「定期的に検診は受けているのですが、今のところ水がたまっている様子はありません。ですから、水頭症ではないのですが、この通りの容姿ですからいつ水頭症が発病するかはわかりません」

「水頭症は発病してはいないんですね？」

　私は、再度尋ねた。というのも、歩き方がおかしいのが、水頭症の症状の一つである運動機能障害であるのと、水頭症とは関係のない運動機能障害とでは、リハビリの仕方がまったくかわってくるからである。

　私は獣医師ではないから、もちろん自分の判断だけでリハビリを始めるつもりはない。この子を引き取ることができたら、まずは主治医に診ていただき、今後の方針を

決めようと思っていた。

「ええ、発病はしていません」

「わかりました。で、その子は譲っていただけるのですか？」

「ええ。篠原さんのように勉強なさっている方なら、安心しておまかせできるので、お譲りいたします」

「ありがとうございます。いくらでお譲りいただけるのでしょう」

私はそう聞いた。

ここはあくまでもショップである。いったんは売らないことにした子犬とはいえ、そこを何とか譲ってほしいとお願いしたのは私なのだ。無料でこの子を引き取れるなどとは、最初から考えていなかった。

誤解しないでいただきたいのは、私はこの子を保護したかったわけではないということだ。皆さんがペットショップやブリーダーから愛犬を購入するのと同じように、この子を買いたかったのである。

だからといって、ボストン・テリアの平均価格での購入では納得できない。まずは、生後七ヶ月と大きくなっていること、水頭症のことはメールでも話を聞き、いつ発病するかわからないという点は納得していたが、背中全体が脱毛するほどアカラスがひどいということは聞いてはいなかった。

アカラスは場合によってはその治療に数年を要する場合がある。ここまでひどいとなると、完治するのに最低でも半年から一年はかかるであろう。その話もすると、オーナーは、

「ボストン・テリアの平均販売価格も知ってらっしゃる。アカラスという病気の治療もよくご存じだ。この子の値段は篠原さんが決めてください」

と、言った。

「今後の治療費を差し引かせていただきます」

私が、それなりに見合う価格を提示したところ、

「その価格でけっこうです」

と、こちらの希望価格でこの子を譲り受けることができた。

私はこの子の名前を、譲り受けられるかどうかまだわからないうちに決めてしまっていた。水頭症であっても、その他に何かあっても、心だけは一番であれ。そう願いを込めて「一心」と。

その日、私は動物病院に直行した。健康診断の結果、やっぱりアカラスがたくさんいた。アカラスとは、ニキビダニのことである。ニキビダニはどんな犬にも寄生していて、私たちの皮膚にも寄生していることが多々ある。

普段はただ寄生しているだけだが、何らかの原因で宿主の体力がなくなり免疫力が落ちると、その数を爆発的に増やして、ひどい痒み(かゆ)や脱毛などの症状を引き起こす。

治療としては、痒みがひどい場合はそれに応じてステロイド剤や、抗生物質やアカラスを殺す薬を用いる。さらにひどい場合は、アカラスを殺すために殺虫剤を入れた風呂に犬の全身を浸ける、という方法もある。しかしこの方法は、浸かっている間、薬が揮発(きはつ)し、犬が鼻や口からそれを吸ってしまうために、一度の治療でかなりの体力を消耗してしまう。

「たくさんいますね。ひどいアカラスだ。完治までに半年くらいかかるかな」

「ええ、先生、完治までに時間がかかるのは覚悟しています。でもまだ子犬なので、薬浴はさせたくないのですが……」

「それは僕も同意見です。強い薬は使いたくない。一応駆虫剤は処方しますが、それと抗生剤で様子を見ましょう」

と、いうことになった。もちろん、頭部のレントゲン撮影もした。

「今のところ、水頭症は発症していません。でも……」

「でも、何ですか？」

「歩き方がおかしいですよね。水頭症とか、脳神経障害とか、脊髄損傷（せきずいそんしょう）といった重大な病気は今のところありませんが、この子の四肢には運動機能障害があります。これが先天性のものなのか、後天性のものなのかは判断しかねますが、今後よくなっていくか否かは、経過を見てからの判断になります」

「先生、何かの病気から来る一つの症状でないとしたら、軽く運動させてみるとか、リハビリをしてもいいですよね？　今まで、床が網になっているケージのなかで暮らしていたせいかもしれません。穴のない床での生活になじめたら、治るかもしれませんよね？」

「治る可能性がないとは言えません。この子にも治そうという自己治癒力が備わっているはずですから、無理のないよう、篠原さんの経験の範囲内でリハビリをしてみてください。後、気になるのはね……」

「ほかにもありますか？」

「これは僕の経験からなんですが、この子、知的障害があるかもしれません」

「知的障害……ですか？　どんな症状ですか？」

今までたくさんの犬と関わってきたが、知的障害の犬と暮らした経験はない。不安にも、焦りにも似た感情がわき起こり、一心の命が縮まるのではないかと泣きそうになった。

「えっと、知的障害はですね、命には関わりませんから安心してください」

まずはそう言われて肩の力がスッと抜け、心底ホッとした。命に別状がないなら、後は何を言われても怖くない。私もちゃっかりしたものである。そう思えたとたん、笑みすら浮かんだ。

「知的障害は、物事が覚えられません」

「例えばトイレとか、座れとか、待てとかですか？」

「そうです。でも、本能にたずさわる部分、食べる、排泄する、走る、歩くなどといったものは大丈夫です。性格は、子犬のままですね」

「子犬のままというと、落ち着きがなくて、はしゃぎ屋さんで、明るくて騒がしい？」

「ええ、そうです」

「なあんだ、先生、それならかえって可愛いじゃありませんか。でも今はこの通り、まったく表情がありません」

「これは、僕より篠原さんのほうがお得意でしょう。心に何かあって、表情をなくしてしまっているんだと思います」

「わかりました。四肢のリハビリとともに、心のリハビリもします。アカラスの治療、よろしくお願いします」

満面の笑顔で私がそう答えると、先生はいつものポーカーフェイスで「はい」と短く返事をした。


「一心、一心の心はどこに行っちゃったんだろうねえ」

私はそう一心に声をかけながら、一心の体に合う袋を作っていた。

「何に使うのか？」ですって？　それは後のお楽しみ。布は厚手のキルティングで、一見ナップザックに見える。いや、ナップザックだな（笑）。

袋ができあがると、私は一心にオムツをあてて袋のなかにスッポリと入れ、頭だけを袋の入り口から出させた。袋を肩からかけるヒモを、背中ではなく、胸の高さにくるように調節して、一心の頭が、ちょうど私の口元までくるようにする。お腹ではなく胸だったが、それはまるでカンガルーのようだと、子どもたちに大うけした。

「そそ、これは一心カンガルー袋。一心の心が、一心のなかに戻ってくる手助けをするんだ」

私はそう言うと、入浴をする時以外の全ての時間、一心をその袋に入れて抱き続け、声をかけ続けた。粗相をしてもいいようにとオムツをあてたのだが、頃合いを見て袋から一心を出し、トイレに連れていく。すると、一心は少しトイレのにおいをかいだ後、勢いよくシャーとオシッコをした。

「一心、よくできたねえ。ここがトイレだよ、ここでオシッコとウンチをするんだよ」

私は一心をなで回しながら、こぼれそうになる涙をこらえて何度も何度も褒める。一心がトイレで排尿できたのはたまたまタイミングが合っただけで、ここで排泄するのだとは学習できないと思う。でも、それでもよかった。

一生子犬のまま。主治医が言ったその言葉を、私は全面的に受け入れた。それを受け入れたということは、トイレを含めて、他の全てができなくてもいいと納得したということであり、無理に学習させようとしないということである。

「毎回タイミングが合えばいいねえ」私は排泄を終えた一心をカンガルー袋に入れながら、そう話しかけた。一心は私が何を話しかけても無表情で、トイレなどのほか、部屋の床に下ろしてもピョンピョンとはねるように歩くだけで、歩く先には何の目標も持たなかった。だから、すぐに立ち止まり、固まったように動かなくなる。

文太が『おもしろそうなやつが来た』とばかりに近づいてにおいをかぐのだが、一心は文太にも関心を寄せなかった。文太は、『ふん、つまらないやつ』と言いたげな表情を浮かべるとスッと一心から離れて、自分の寝場所に戻り居眠りをしはじめる。

私は取り残された一心を抱きあげながら、

「もうすぐ、ちゃんと挨拶ができるようになるよね。だって、本能部分は残るって先生が言ってたもん。遊べるようにだってなるよね」

とりとめなく、そんな話をする。

こんな時、母犬は何をするのかなあ……、私はよくそう考えた。

（そうだ、母犬だけじゃなくて、他の犬たちは、大好きな相手を一生懸命舐めるよね。よおし、私も舐めてやろう）

自分で言うのも何だが、実に変なことを思いつくものだ。でも、その時の私は、何もできないでいるよりも、何かできることがあり、それがわずかであっても回復につながるかもしれないと思えたならば、それがどんなにくだらない方法であっても、実践しただろう。

それから私は、一心の目の周りや頭、口の周りをペロペロと舐めだした。短い毛が口のなかに入り、吐き出しても吐き出しきれず、うがいをしてもとれないので、ティッシュで自分の舌をふく。そうしてはまた、

「一心、お母さんだよお。甘えてもいいんだよ。一生私が側にいるからね」

などと、懸命に話しかけながら、舐め続けた。長女から、

「さすがにそれはできないや。お母さん、よくやるねえ」

と言われたが、やるのではなく、これしかやれることが見つからなかっただけである。

カンガルー作戦を続けながら、時間を見計らってトイレに連れていき、できたら褒

め続ける。また袋に入れて抱きながら話しかけ、そしてペロペロと舐める。時間を見計らって床に下ろし、四肢のリハビリのために歩かせ、また袋に入れる。これしかできなかった。

唯一、私が一心を独りにしたのは、入浴時だけである。一心を袋から出して私のローベッドに置き、カラスの行水のごとくサッサと入浴をすませ、戻る。

「文太、一心さ、いつになったら心が戻ってくるんだろうね……」

私が愚痴をこぼすと、知ってか知らずか、文太はムクッと起きだしてきて私の顔を舐め、前足を私にかけると、抱っこをせがんだ。

「文太ったら、慰めてくれてるんだか、甘えてくるんだか、わからないね」

私はそう言いながらも、抱きあげた文太から伝わってくる体温と甘えてくれる心の温かさから元気をもらい、また一心に向き合った。

一心は、生後一ヶ月と少しであのショップに来た。それからは、ずっと床が網になったケージのなかで暮らしてきたそうだ。一心を譲り受けに行った時に、オーナーの奥さんが、

「他の子より小さくて、水頭症かもしれないと言われたものだから気にかけていまし

た。でも、ほかにたくさんの子犬がいるので、さわってあげられるのは掃除の時だけで。もっと小さい頃は掃除をしている私に甘えようと鳴いたり、ピョンピョンと飛んだりしていましたが、今はそういうことはなくなってしまいました」

と、言っていた。

一心は、とてつもなく淋しかったんじゃないだろうか。抱いてほしい、かまってほしいと一生懸命にアピールするけれど、それは毎回かなわず、淋しくて淋しくてその孤独に耐えられなくなった時に、感情を捨てたのではなかろうか。

そのうち歩き方も忘れ、自己免疫力も落ちて、そこにつけこんだアカラスにやられてこんなに脱毛してしまった。

「一心、もう独りじゃないんだよ。家族ができたんだよ。私のほかに子どもたちもいるし、文太も十兵衛も蓮も、カイザーもいるんだよ。もう悲しみも淋しさもないの。一心の心さん、どうか戻って、一心に子犬らしさを返してください」

私は祈りにも似た言葉を、何百回も一心に投げかけた。

体の大きな十兵衛、蓮、カイザーは、立てば袋に入った一心の顔をのぞき込むことができるものだから、『母ちゃんは何をしているんだ?』とでも言いたげな表情を浮

かべながらも、一心に顔を寄せ、においをかぐ。

「ほら、一心、みんな一心と友達になりたがってるよ。一心が暮らしてきたケージは冷たかったでしょう？　もう冷たいことなんてないんだよ。心を戻しても、傷つける人なんていないんだよ」

私は無表情なままの一心に、私を含めたみんなの気持ちを伝え続けた。

そんな日々が一ヶ月ほど続いたある日の夜である。たとえ五キロほどの体重であろうと、入浴時、トイレ時、リハビリのための歩行時以外は胸にぶら下げている一心の重みに、私の腰は悲鳴をあげはじめていた。

「いてててててて」

腰をさすりながら、入浴しにいく私に、

「お母さん、ほかに何か方法はあるんじゃない？　そんなに無理をしても続かないよ」

心配した子どもたちがそう言う。

「ほかに方法？　どんな方法があるの。あったら教えて」

子どもたちが口を結ぶ。私は子どもたちに対して声を荒げたわけでもなく、叱ったわけでもない。ほかに方法なんて誰も考えつかないのである。カンガルー作戦のほかに何かよい方法があるなら、私が一番教えてほしかった。

「どんなに腰が痛くても、この痛みは一心が負った心の痛みなんじゃないかな。だとすれば、こんな痛み、全然苦にならないよ」

もう一ヶ月も、五キロの一心を胸に抱き続けている。本当に腰が痛くて、真っ直ぐに伸ばすこともままならない。それに加えて、子どもたちは知らないでいたが、一心を舐め続けているせいで舌が荒れ、食事をするのも苦痛になっていた。

しかし、強がりを言ったわけではない。これが一心が味わった心の痛みであるとするならば、それを知るのも家族になった私の責任なのである。私は腰をさすりながら、

「心配してくれてありがとう。もう少し大丈夫。どうにもならなくなったら、何かほかに方法を考えるよ」

と、心配してくれている子どもたちにお礼を言いながら、浴室に向かった。

その日は、いつもより長湯になった。インターネットで一心を見つけたあの日、気になって仕方なかった数日、メールのやりとりをし、何とか一心を手元にと交渉し、連れ帰ることができたあの日、運動機能障害と知的障害があると言われた時、カンガ

ルー作戦、声がかれるまで話しかけ、そして母犬になって舐め続けた日々をつぶさに思い出す。

それでもいまだ、遊ぶ楽しさも知らず、キャンキャンとわがままを通すこともなく、ただひたすらに無表情と言う箱に閉じ込められてしまっている一心の心は、いつ戻ってくるのだろうか。

ポチャン、私は湯船に浸かりながら、お湯に顔をつけてあげると、「ふぅ〜」と大きく深呼吸をした。

(さて、一心君、また抱っこするよ)

そういう気持ちで部屋に戻った。すると……そこには、見たことのない光景があった。私はかなり面くらい、驚いて立ち尽くしてしまう。

カンガルー袋から出し、一心を私のローベッドに置くのが入浴前の儀式みたいなものので、お風呂からあがると、一心は置いたままの場所にほとんどその姿勢を崩さずに寝ていた。でもその日の一心は、ローベッドの上にスクッと立ちあがると、部屋のドアを開けた私の顔を真っ直ぐに見つめ返してきたのである。

「い……、一心……」

振り絞るような声で、私は一心の名前を呼んだ。ドアの近くに静かに座ると、両手を一心に向けて伸ばして「こっちにおいで」と声をかけた。

一心は、キョトンとした表情を浮かべたが、ローベッドからピョンと飛び降りると、前足の関節を馬が歩くように肘から九十度に曲げ、ポクポクという足の運びをしながら、私のもとに真っ直ぐ歩いてきた。

距離にしてわずか一・五メートル。この短い距離が、私には百メートルにも二百メートルにも思えた。一心は伸ばした私の両手まで来ると、ゆらりと揺れるようにその体を私の両手にゆだねた。私は静かに一心を抱き寄せ、胸にしっかりとしまうと泣き崩れた。

「戻った！」

一心の心が、やっと一心のなかに戻ってきた。私のただならぬ気配を感じたのか、子どもたちが次々とやってくる。ボロボロと涙を流す私と、キョロキョロとあたりを見回す一心の様子から、何が起きたのか全てがわかったようだ。

私の胸のなかでモゾモゾと動く一心の頭をなでながら、

「ようこそ、一心。初めまして。やっと会えたね」

と、やっとやっと我が家に来てくれた一心の心を、心底歓迎してくれた。

「お母さん、本当にお疲れ様」

長女が泣きながら、私の肩を静かになでる。顔は涙でぐしょぐしょだったが、私の心は晴れ渡った青空のごとく、本当にすがすがしかった。

何度か経験したが、犬は閉ざした心を開きはじめると今までのことが嘘だったかのように、劇的な変化をしはじめる。一心もその心が戻ってからというもの、アッという間に一心らしさを取り戻していった。

治療していたアカラスだが、投薬は抗生物質と駆虫薬を使った。が、その他に私は、自己免疫力をあげるというサプリメントを使用した。それが功を奏したのか、投薬内容がよかったのか、生活自体がかわったのがよかったのか、とにかく何が幸いしたのかは定かではなかったが、完治までに半年はかかると思われたアカラスは、脱毛した毛が全て生えそろい、完治ですと言われるまでに、わずか三ヶ月しかかからなかった。

心を取り戻した一心を、今度は四肢のリハビリのために、毎日ドッグランに連れていく。犬たちはそこで毎日、好きなだけ走ったり、緑のなかで森林浴をしたり、他犬と追いかけっこなどをして遊びほうけるのだ。

カンガルー作戦を決行していた時は、袋のなかから走るみんなを見ていただけだったが、心が戻った一心にカンガルー袋はもう必要ない。

「一心、見てごらん、みんな楽しそうでしょう。一心も歩いてごらん」

そう言いながら、一心を地面に下ろして私がゆっくりと移動すると、一心は子鹿のようにピョンピョンと歩きながら、私の後を追ってくる。そうした日々を過ごすうちに、一心は私の後をついてくるのではなく、自分の意思を出すようになっていった。私が右に行っても、他犬を追いかけたいと思えばそちらに行き、チラッと私を見ては戻ってくる。

そんな日々を過ごす間に歩き方は少しずつ改善されていった。それと同時期に、今度は走るようになった。一心が初めて走った時のことを、私はいまだに忘れない。まるで、どう足を運んでよいのかわからないといった風で、何もないのに幾度も転ぶのだ。

それでも、転ぶたびに起きあがり大地を踏みしめて、他犬の輪に入ろうと一生懸命に走る。その姿は、神々しくさえ見えた。

（頑張れ一心！　何度転んでも、走れ！　あきらめるな！）

私は、転んでも転んでも起きあがっては走る一心に、心からの声援を送った。それからほどなくして一心は、ジャンプすることを覚えた。部屋の床はフローリングなので、腰や股関節、膝などに負担がかかるジャンプはさせたくはない。でも、何度注意しても、時には強く叱っても、一心はダメだということを学習できなかった。

カンガルー作戦をしていた頃、日に何度も何度もトイレに一心を連れていき、排尿ができたら褒めた。そのことを覚えていたのか、それとも一心自身がたまたまその場所をトイレに決めたのかはわからないが、トイレだけは決められた場所でできるまでになっていた。

だから私は、他のことも学習できるのではないかと少しの期待をしていたのだが、それはことごとく裏切られた。三年、座れを教えているが、それはいまだにできない。ジャンプもやめない。

それどころか、日々のジャンプが練習になっていたのか、少しずつ高さが増し、最近は九十センチほどの高さのあるロータンスの上にまで飛びあがれることが発覚した。

私は母を十五才で亡くしているのだが、今は私が母の位牌を預かっており、その位牌は、お線香をあげやすいようにと、ロータンスの上に置いてある。ある日、その位牌が床に落ちてしまっているのを見つけた。

「お母さん、ごめんなさい」

私は何かの拍子で落ちたのだろうと思いながら、母の位牌を元に戻すと心から謝った。しばらくして、トイレから戻ると母の位牌がまた落ちている。それどころか、供えてあったミカンが食い散らかされているではないか。

しかも、部屋のドアを開けた時、一心がロータンスから飛び降りるのを、私はこの目で見た。腹をたてて一心を叱っても、何の対処法にもならない。一心のなかには叱られるという概念がないために、いくら叱ってもそれは何の意味も持たないし、何をどうしたのがいけなかったのかも理解できないのだから。

母の位牌は、もっと高い場所に移動した。本能的なことはともかく、知的障害の犬が、他は学習できないということとはこういうものなのかと、私は改めて思い知らされた。

だが、悲観はまったくしてはいない。だって、全て予想通りではないか。あんなにかたくなに閉じた心は全て開放され、一心は子犬のようにはしゃぎ、騒ぎ、飛び跳ね、喜び、甘え、遊び、時には怒り、そして何より底抜けに明るくなった。それだけでいい。それが一心で、物分かりのよい一心なんて想像がつかない。

しかし、学習という点においてはすっかりあきらめの境地に至った私なのだが、ついつい今日も、

「うわああ、それはないでしょう〜」

と、言ってしまった。テレビの横に置いてあったペットボトルをジャンプして落とし、さらにそれをローベッドに運び込む。そして、かじりついて穴を開け、ベッドをびしょびしょにしながら中身を吸い出していたのだ。

少なくても、ペットボトルを食べなくてよかった。一心からボトルを取りあげ、ボロボロになった哀れな姿を見つめ、びしょびしょになったベッドに何を敷こうかと考えながら、もう二度とテレビの横にペットボトルなど置かないと固く決心した私であった。

現在の一心は、体重が七キロになり、スモールサイズの子かと思っていたが、中間のラージサイズに育った。できることといえばトイレと、名前を覚えたくらいだ。

「一心、おいで」と言うとトコトコとやってきて、膝の上に座り私の口元を舐めてくれる。後は全て、一心の思うがままの生活だ。座れも待てもできない。ランに行くた

びにグイグイと引っぱる。ジャンプ力もいたずらも相変わらず。プラスチックと見ればかじりつくので、部屋にそういう物は置けない。

なかなか気が強くて、気に入らない相手には葉音と一緒になってかじりついて排除しようとするのだが、とても不思議なのは、そんな相手だとしても、攻撃し続けて群れからはずそうとはしないことだ。せいぜい『俺様に近寄るな』という範囲内のみである。

出目と斜視はすっかり治り、なかなかのハンサムボーイになった。三才の誕生日を迎えたが、心配していた水頭症は発症せず、脳内に腫瘍ができるなど後天的な何かがないかぎり、もう発病することはないだろう。歩き方は馬ではなく、すっかり犬のそれだ。

ただ、走る時に少しだけそのなごりはあるのだが、それは、『今はいくらよくなったとしても、僕が歩んだ過酷な過去を絶対に忘れないで。ほかにも僕と同じような運命を背負った犬たちはたくさんいるよ』という、一心からのメッセージだと思っている。

私と一心は、本当に幸せなことに、出会うことができた。しかし、一心からのメッセージの通り、今もなお、心に深い傷を負わせ続けられている犬たちがおり、殺処分や動物実験、虐待、捨てられるなど、さまざまな形で命を奪われていく犬たちがたくさんいる。

私たちは、その事実を絶対に忘れてはならない。そして、人間でいるかぎり、いや、人間でいるために、自分にできることはないだろうかと、考えることをやめてはならないと思う。

第六話　障害を抱えても、ひたむきに生きる

「夕羅(ゆうら)」の容姿をどうお伝えすればいいだろうか。まずはわかりやすい毛色は白と茶。これはパピヨンによくある、レッド&ホワイトという毛色をご想像いただきたい。毛の長さは全体的に五センチほどで、中毛だ。

毛質は、背中は一本一本がしっかりとしていてちょっとごわつき感があるが、光沢がありすべすべとしている。尾と胸は毛量がとても豊かで背中よりも長く、フワフワとした柔らかい毛質をしている。

体重は三キロ。体高約二十センチの小型犬だが、前記した通りかなりの毛量があるので、四キロ以上に見える。耳はチワワとパピヨンを合わせたような立ち耳。耳と耳の間隔が広く、耳の先は丸い。尾はゆるやかに背に向かってあがっているが、日本犬のような完全な巻き尾ではない。

チワワとパピヨン、ポメラニアンの三犬種を足して割ったような容姿をしているが、この子が我が家に来た時は、「チワワです」と言って連れてこられた。

「篠原さん、実はね、障害のあるチワワがいるのよ。経験のある人じゃないと、日常の注意なんかが難しいと思うから、大変だとは思うけど引き取ってもらえないかなあ。私はこの子の姉妹犬を引き取ることにしたの」

知人のボランティアからそう電話があった。我が家にはチワワがたくさんいる。最小で体重一・二キロのチワワと、最大で八十五キロの超大型犬のグレート・デーンがいた我が家では、中型以上の体格の子は私の部屋で、それ以下の子は娘の部屋で暮らしていた。

四ヶ月の間、立て続けに、体重十五キロの雑種犬、二十四キロのアフガン・ハウンド、ともに八十五キロだったグレート・デーン二頭を、天寿を全うさせるという形で亡くしたので、私の部屋は一時閑散としたが、その後、どういう縁か、何かしら病気や障害があるために里子に出せない犬と出会っていた。大型犬こそいなくなってしまったが、その子たちが私の部屋の住人になったので、今は昔の華やかさを取り戻しつつある。

「先生、また大型犬と暮らさないの？」

と、よく生徒たちに言われる。場所も犬舎もドッグランもあり、食費やいざという時の治療費などは何とかなる。だが、実のところ大型犬と暮らすのは、私の体力的な問題で無理だと判断している。

というのは、グレート・デーンの十兵衛と蓮を見送る時、一晩だけ二頭とも寝込んだのだが、体位交換(たいいこうかん)（自ら寝返りがうてないので、人の手で体の位置を変えること）をする時に、私は一人でこの子たちを持ちあげることができなかったのだ。

そんな自分がすごく情けなかった。情けなくて、涙がこぼれて、十兵衛と蓮に、何度も何度も「ごめんね」と謝りながら、せめて位置だけでも変えようと、ずりずりと引きずるようにして回したのを今でもハッキリと覚えている。人間、いざとなれば火事場の馬鹿力じゃないけれど、超大型犬でもコロンとひっくり返せる、と思っていた私のあさはかさが証明されたのだ。

その時、私は思った。できないことがわかった以上、この先、私に大型犬と暮らす資格はない、と。これは不思議なことなのだが、そう思ってからというもの、私と大型犬との縁は結ばれてはいない。

保護をし、訓練をしてから新しい家族のもとに旅立った子は何頭かいるのだが、みな、私の手元に残さなくても幸せになれる子ばかりだった。まるで十兵衛と蓮が、ならない。

『母ちゃん、できないことはしなくていいよ』と、導いてくれているような気がして

そんなわけで、我が家に残っている犬たちは、数頭を残して皆それぞれに健康上に問題がある子ばかりなのだ。私も長女も、最初に暮らしたのがチワワだったので、チワワに対する思い入れは強く、また大好きな犬種のせいなのか結ばれる縁が多く、自然に頭数が増えてしまっているのが現状だ。特に小型犬は長女の部屋で暮らしているものだから、これ以上増やすのはどんなものかなと、正直なところ思った。

「どんな障害かはまだ詳しく聞いていないからわからないけれど、障害は問題にはならなくても、今これだけの頭数がいるのに、実際に日々のケアとか観察とかができるかね……?」

引き取れば、娘の部屋の住人になる。私は娘にそう相談した。

私たちにとって、その子が持っている障害が、弊害になったり、嫌だと感じたりすることはない。テンカンのある子、脳神経障害のある子などが我が家で暮らしているが、それはその子の個性なだけだ。それぞれに違ったケアは必須だが、長年の経験で慣れている。

治療費も何とかなっているし、「この子にはこんな障害があるの」などと嘆いていたのでは、冷静な判断を鈍らせる場合がある。何よりも、一生懸命に生きているその子たちに申し訳ない。

だから、病気のためにたとえ短いとしても、その子たちが天寿を全うするまで、私たちはその子にとってベストパートナーでいられるよう、努力している。こんな調子なものなので、私に引き取ってほしいと話があったその子がどんな障害を持っているのかは、私も長女も気にならなかった。それよりも、ちゃんと面倒を見てあげられるかどうかのほうが大問題だったのである。

「うちに話が来るっていうことは、相当なものがあるみたいね。私だけじゃ大変だから、お母さんも今までと同じく協力してくれる？」

「それは当たり前だよ。私が留守にする時だって、私の部屋にいる子たちの面倒をちゃんと見てくれているじゃない。昼間は私がいる時が多いんだし、他の子同様、何かないかとかトイレの掃除とか、やるよ」

「それなら問題なし」

長女はそう言うと、ニコリと笑顔になる。

それから間もなくして、その子は我が家に連れられてきた。

「今回はすみません。でも、この子、私のかかりつけの獣医さんにも里子には出せないと言われたし、うちにもたくさんの子がいるから、どうにもならなくて……」

「いえいえ、ボランティアをやっている以上、どうしても里子に出られない子が残ってしまうのはみんな同じ。助け合える時は助け合いましょう」

すまなそうなTさんに、私は心からそう言った。

「この子です」

フワフワのクッションが敷かれたキャリーのなかから出されたその子を見て、私と長女は思わず顔を見合わせ、「大きいね」と言い合う。

生後五ヶ月のチワワと聞いていたが、その大きさは私たちの想像を超えていたのだ。

また、その容姿もチワワには見えなかった。

「Tさん、この子チワワじゃないよ。どう見ても小型犬の雑種」

「やっぱりい。姉妹犬はこの子なんだけどね」

と、Tさんはもう一頭の子を見せてくれたが、この子もチワワとはほど遠かった。

「まあ、小型の雑種犬でいいじゃない」

私はそう言うと、ニコリと笑った。私と長女にとって、その子たちがチワワかどうかなんて問題ではない。部屋の都合上、中型犬以上は引き取ることは難しかったが、小型であれば居場所はある。ＯＫを出したのだから、結ばれた一つの縁として大切にしたかった。

Ｔさんの言っていた障害はすぐにわかった。頭を左右にユラユラと振り続けている。瞳の位置が定まらず、眼球は激しく左右に振れていた。この症状はＴさんが引き取ることになる姉妹犬にも出ており、脳神経に障害があるあきらかな症状である。

そしてもうひとつ、どうしても気になる点があった。

「この子たち、本当に五ヶ月なの？」

私は思わずＴさんにそう聞いた。というのも、五ヶ月といえば遊びたい盛りである。二頭のうち毛の短い子はともかく、中毛の子はキャリーから出されて庭に置かれたのにもかかわらず、ジイッと動かず、その表情はまるで能面のようだったのだ。

知らない場所に連れてこられたというショックに加えて、いくら障害があるとしても、おかしすぎる、私は直感でそう思った。

「篠原さん、どちらでも好きなほうの子を選んでください」

Tさんが言った。私は長女の顔を見た。長女は私の思いを知っているはずだ。長女は私を真っ直ぐに見つめ返し、「わかってるよ」と言うように静かに首を縦に振る。あうんの呼吸である。私は長女と心の会話を交わした後、迷わず、

「それではこちらの子を」

と、二頭のなかで中毛の子のほうを選んだ。

Tさんは一瞬「えっ」という表情を浮かべると、

「こっちの子で本当にいいの？」

と、聞き返してきた。

「うん、こっちの子で」

私はニコッと笑いながら、再度、言う。Tさんが驚いたのも無理はない。なぜなら、素人目に見ても、私たちが選んだ子のほうがあきらかにその症状が重かったからである。

障害が重ければ重いほど、ケアは手がかかる。二十数頭の中型犬と暮らすTさんよりも小型犬と暮らしている私たちのほうが、大変な事態にも対処しやすいはずだと考

えた。

言葉は交わさなくても長女もそのつもりでいる。となれば、私たちが選ぶのは、症状が重い子のほうに決まっていた。

こうして我が家にやってきたのが、夕羅である。瞳はもちろん、頭もユラユラと揺れることから、ゆうちゃんと呼んだのをきっかけにしてこの名前をつけた。


夕羅を迎えて数日後、私たちは夕羅をかかりつけの病院で診ていただいた。

「頭も瞳もすごく揺れますねえ。この揺れはずっとですか？」

「はい、止まることはありません。ほかには先生もごらんになっておわかりの通り、まったく表情がありません。これが、障害からくるものなのか、心を閉ざしているせいなのかを観察しています」

「繁殖犬として向かないと手放された経過を見ると、この揺れは生まれた頃から出ていたと考えられますね。また、姉妹犬にも同じ症状が出ているとなれば、先天性の脳神経障害と考えられます」

「はい、それは私もそうじゃなかろうかと覚悟していました。その他に……」

診察を終えて、夕羅を他の犬たちに紹介した時、彼女はほとんど動かなかった。トイレの時は、今いる場所からわずかに体を移動して、そこがベッドであろうとジャジャジャッと粗相をしてしまう。それ以外は眠っているか、起きていてもその場から動くことはない。

先住の保護犬のなかで、保護した時にすでに妊娠しており、保護後、子犬を出産した茉莉花（ジャスミン）というメス犬がいるのだが、彼女は特に夕羅を気にかけた。

まだ幼さを色濃く残している夕羅を可愛がろうと鼻を軽くつけてツンツンしてみたり、前足をフワッとかけて遊ぼうと促してみたり、色々な場所を舐めたりと一生懸命に接したが、それでも夕羅は何の反応も示さなかった。

Tさんが連れていった子は、保護中の子犬と遊んでいるという。夕羅だけがなぜこうなったのかは知るよしもないが、心を固く閉ざしてしまっていることだけは確かである。

私たちは、夕羅のように、心を閉ざしてしまった犬たちの心のリハビリをたくさん経験してきた。心を閉ざす経緯はさまざまで、殴る蹴るなどの虐待を受けたり、無視され続けてきた場合もある。

夕羅は繁殖だけを目的とした繁殖業者のケージのなかで育ったので、後者に近い状態であろう。早い段階で母犬、兄弟犬から引き離され、まだまだ母犬が恋しい時分からたった一頭きりでケージのなかに入れられた。人間に会うのは一日一度、エサやりに繁殖業者が来る時だけであった。

その繁殖業者から、ボランティアが夕羅たちを保護したのは厳寒の一月であったが、暖房などあろうはずがなく、すきま風が吹き込む十畳ほどのコンクリート敷きの部屋に、なんと七十頭もの犬や猫が段積みにされたケージに押し込められていたという。

どのケージに入っている子も、表情が乏しかった。猫にいたっては、きれい好きな動物なのに、強いストレスからか、フードボールに糞尿をしてしまっている子がいたそうだ。耳に大きな腫瘍ができている子や、もう一才なのに体の成長が止まってしまい子猫のような大きさしかなく、足の太さだけが親猫のようであった子もいて、先天性異常のある子もたくさんいた。

あまりの淋しさと孤独のために、心が砕け散ってしまいそうななか、夕羅に唯一できたのは、その心を閉ざすことだったのだろう。私もその現場に足を運んだが、あまりの惨(むご)さに、気分が悪くなった。ほんの数時間いただけで、心が悲鳴をあげた。

ここに押し込められて、子犬子猫だけを生ませ続けられてきたこの子たちは、その日々をいったいどんな思いで過ごしてきたのであろうか……。はかりしれない地獄に、私は目を閉ざしたくなった。

私は、もしこの繁殖業者が不要になった犬猫を手放したいだけ、と言ったなら、たとえ知り合いのTさんからの申し出であったとしてもレスキュー協力はしなかった。もしそれをしてしまえば、繁殖業者は何の苦労をすることなく、次から次へと第二第三の夕羅を生み出してしまうからだ。

かといって、この現場を実際に見てしまったら、私はこんなに強いことは言えなかっただろう。助けてあげたい、でも助けたら……と、両者のはざまで相当苦しんだと思う。

幸いだったのは、この繁殖業者を数年にわたって一人のボランティアが説得し、廃業するという確約を取りつけてからのレスキューであったということだ。

もちろん、業者としての登録も狂犬病の予防注射もしていなかったし、現場をビデオで撮影してあるから、動物愛護法（動物の愛護及び管理に関する法律）にも、ひっかかる。それらを当人にも話して、納得して廃業すると言っているからこそ、お手伝いすることにしたのである。

私が在住していた茨城県の収容所の実情は、収容される犬の七十パーセント以上は飼い主から放棄された子たちで、それらのうち五十～六十パーセント前後が子犬である。

外飼いされ、発情などまったく考えてもらえず、避妊、去勢手術をほどこさないがために、子犬、子猫が生まれる。生まれた子犬、子猫は育てきれないと、収容所に持ち込んでくる飼い主が非常に多い。飼い主に放棄された犬猫たちは、翌日には二酸化炭素で窒息死させられるのだ（二〇〇七年当時、茨城県では、子犬子猫には睡眠薬を飲ませ、ぐっすりと寝入ってから至死処分するという方法が実施されていた）。

この殺処分方法を、犬猫が最も苦しまない安楽死に近い方法であると言う人がいたが、違う、違う、違う!! 私は、実際にこの二つのまなこで、ガス室に入れられ、ガスが注入されてから犬たちが倒れるまでを見た。

犬たちは、倒れる前に全身を痙攣（けいれん）させたり、口からブクブクと白い泡を噴き出したり、少しでも酸素を吸おうとしているのか、何度も何度も大きく口を開け閉めして、身もだえして苦しみながら倒れていった。

これのどこが、安楽死に近い至死処分なのか!?　現実を見ていないからこそ、そう言えるのだと大変な反発心を抱いたのを今でも覚えている。

このように殺処分されている犬のほとんどが雑種犬であったが、これが雑種犬であるがゆえの不幸であるなら、夕羅たちのいた、まさに生き地獄そのものであると言っても過言ではない繁殖の現場は、純血種に生まれたからこその不幸であろう。

人間のわがまま極まりない理由で捨てられ、命を奪われる犬たちと、利益だけを追求され、子犬を産ませ続けられ、産めなくなったら何らかの方法で処分されていく犬たち。こうした悲劇を、現実のこの世界で人間が作り出し続けていることを、私は絶対に忘れてはいけないと思う。

「恵理奈、夕羅をよく見てごらん」

「ん？　何か気になるところでもある？」

「うん、あきらかにおかしいところがあるよ。ほら、よく見てごらんよ」

私の言葉を受けて、長女は部屋のなかでゆっくりと動いた夕羅を見つめる。夕羅は珍しくベッドから下りて床をトコトコと歩いていた。そばでは茉莉花が、頭を小刻みに振りながら歩く夕羅を心配そうに見つめていた。

「あっ……、わかった」

長女はそういうと、

「夕羅、こっちにおいで」

と、呼んだ。

夕羅の行く方向にはクッションがあったのだが、それにトンとあたった。あたって慌てて方向転換したはいいが、その先にはベッドの足があり、夕羅はそこにもコツンとぶつかった。

「見えていないね」

私がそう言うと、長女は涙をいっぱい浮かべてうなずいた。

すぐに動物病院を受診した。

「先生、この子、視力がないようなんです」

「ぶつかりますか？」

「ええ、まだ来て間がないので、家具の配置を覚えていません。そのために歩けば物にぶつかります」

先生は、夕羅の瞳をジッとのぞき込みながら、

「たとえ視力があったとしても、これだけ激しく揺れていては焦点がまったく合わないでしょう。盲目だと思って生活してください。それから、こういった脳神経系の症状がある子に一番起きうる可能性があるのは、突然死です。それは、明日やってくるかもしれないし、十年後かもしれませんし、天寿を全うできるかもしれません。でも、突然死と背中合わせである、そう思って生活してください。避妊手術ですが、麻酔をかけた時に、何が起こるかわからないので施術はできません。無表情なのは、ハッキリとは言えませんが、脳神経障害のせいではなく、生活自体に問題があったからだと思います。少しリハビリしていただけませんか」

先生は穏やかな口調で、そう言った。

私と長女は、盲目の犬の訓練を何度かやったことがある。犬は、聴覚、嗅覚、視覚のなかで、視覚は一番あてにしていないものである。つまり、聴覚と嗅覚が正常ならば、通常の生活にほとんど支障がない。主治医から盲目であると言われた時も、想像通りであったこともあって、焦りもしなければ悲観的になりもしなかった。

頭がユラユラと揺れていても、視覚障害があっても、何でもいい。それなりの対処をすればいいだけだから。しかし、いつ突然死するかわからないという言葉には、正直かなり狼狽(ろうばい)したし、受け入れがたい事実でもあった。

覚悟なんてつけようがなかった。

苦しかった。

悲しかった。

切なかった。

こんな幼い子にこれほどの運命を背負わせた人間が憎かった。でも、何を思おうと、夕羅に起きていることは現実なのだ。私と長女は、一言だけ言葉を交わした。

「いつ、何時、何が起きても、夕羅にとって何が一番いいかを考えながら、一日一日を心に刻み込んで生活しようね」と。

夕羅の瞳を見ていると、車酔いにも似た変な感覚に陥る。それほど、彼女の瞳は揺れていた。Tさんに引き取られた姉妹犬も同様の症状が出ていることから、先天的な病気であろうことは間違いない。恐ろしいのは、この子たちにはほかにも兄弟犬がおり、その兄弟犬にはこういった症状が出ていなかったので、売ったという事実である。

売られた子犬を買った人が、後々、夕羅たちと同じ症状が愛犬に出ようものなら、私たちが味わったどん底に突き落とされたような苦しみを、その家族も味わうことになる。

売れればそれでいい、使えるならば雑種であっても子犬を産ませ、その子犬を売る。この手法が、成長してどうにもチワワに見えない容姿になったとしても、家族の一員として愛情をはぐくんだ人たちは泣き寝入りするしかないといった事態を引き起こす。これが、悪徳と呼ばれるゆえんであろう。

夕羅たちは、悪徳業者、または繁殖業者と呼ばれている場所からやってきた。これは、ブリーダーとは完全にわけて考えねばならない。ブリーダーとは、その犬種が好きなのはもちろん、こだわりを持ち、ブリードスタンダードにより近い犬を作出している。

遺伝性疾患に注意していることは当たり前で、毛色一つとってもどうすればどう遺伝するかなどをきちんと勉強して繁殖をしている人たちを言う。だから、たくさんの犬種を繁殖している人は少なく、少数の犬種のみのブリーディングをしているのが特徴である。

一方、悪徳業者とか、繁殖業者と呼ばれる人たちは、犬種の特性などを守ろうなどといったことは考えてはいない。遺伝性疾患はもちろん、交配してはいけない毛色同士でも、その毛色が珍しくて高値で売れるならば、繁殖させる。当然、犬種の持つ特性の一つである容姿は崩れ、それは容姿にとどまらず、性格や健康までもそこなう。

私は、個人的にはどんな容姿をしていようが、我が家の愛犬こそがブリードスタンダード、この世で一番可愛いという思いでいっぱいだ。しかし、これだけ障害のある子を目の当たりにすると、ブリードスタンダードの大切さを思い知らされるのも事実である。

ブリードスタンダードは容姿だけよければいい、というものでは決してない。容姿も大切な一つの要素ではあるが、ほかに、個々の犬種が脈々と受け継いできた、最もその犬種らしい性格を持ち、そして何より遺伝性疾患のない遺伝子を残していくという、種の保存にもつながるとても大切な存在なのである。

誰もが、愛犬とは一分一秒でも長く一緒にいたいと思っているだろう。また、健康な生活を送ってほしいとも願うだろう。それは犬にとっても幸せなことだ。しかし、そのような生活を送るためには、きちんとしたブリーディングが必要不可欠な要素であることは、無視できない事実である。

現在の日本では、純血種の場合、子犬の三代前までの犬たちが記載されている血統書があれば誰もが繁殖できる。夕羅の兄弟犬には血統書がつけられた。買った人たちは、こういった病気が兄弟犬のなかに出ているということを知らないでいるだろうから、繁殖させようと思えば、チワワとして繁殖できてしまうのだ。

よく考えてほしい。これは、本当に恐ろしい事実ではなかろうか。いつ何時、夕羅と同じ病気を持つ子犬が生まれてくるかわからないのだ。もし、夕羅のライン（血筋）で繁殖すれば、かなり高い割合で夕羅と同じ病気を持って生まれる子がいるだろう。

その子たちを愛犬として家族に迎えた人たちは、突然死という恐怖にさらされた生活をするかもしれない。家族にかかる悲しみ、苦しみ、辛さなどはかりしれない。障害を持って生まれてきた子犬の苦しみもまた、大変なものなのである。繁殖されないことを祈るばかりである。

このように、繁殖業者にかぎらず、遺伝的なものなどの知識のない一般の方が繁殖させる場合にも、遺伝的疾患を引き出してしまう危険性は必ず隠れているものである。

妊娠、出産に関する知識や技術のない方もかなり多いので、出産時に母犬が死亡してしまう例も少なくない。自分の大切な愛犬の命を守るために、また、先天的異常を持った子犬が生まれないためにも、繁殖させたいという方は、遺伝的なこと（毛色から病気までその範囲はかなり幅広い）、妊娠、出産、出産後、万が一愛犬が子育てしなかった時の対処など、多方面にわたって濃密な勉強をしてからのぞんでいただきたい。

血統書がなくてもお互い任意の上であれば売買は成立し、血統書だけで繁殖させられる日本の現状では、先天性の遺伝疾患を隠し、お金だけを儲ければいい、という繁殖業者をしめ出すことはできない。

これがアメリカであれば、その様相はまったくかわってくる。アメリカは、血統書はあくまでもその犬の出生証明書であり、親や祖父母犬、曾祖父母犬がどういう名前なのか、誕生日はいつなのか、という情報を示すものでしかない。

アメリカで繁殖させる場合は、血統書のほかに登録証明書が必要になる。大切なのはこの登録証明書で、それはその犬のラインに重大な遺伝的疾患があるか否かなどが証明されているもので、遺伝的疾患があると証明された場合、そのラインでの繁殖はただちに中止されるし、買い手には血統書しか発行されない。

血統書しかない犬で繁殖がなされた場合、生まれた子犬に対しては血統書すら発行されないシステムになっているので、かなりの確率で遺伝的疾患が食い止められているのだ。

私の生徒のなかに、ラブラドールのブリーダーがいるが、アメリカから輸入したオスのラインに遺伝的疾患が出やすいとわかったことがあった。

この時には、ただちにアメリカから連絡があり、このオスのラブラドールを繁殖に使わないように言われたことはもちろん、その犬で繁殖した場合、登録証明書の発行はできないと言われたそうで、それくらい徹底しているのである。


夕羅は突然死するかもしれないという過酷な運命を背負い、そして、全盲という障害も持っていた。だが一方で、私たちは、夕羅が我が家に来た頃から続く無表情さが気になって仕方なかった。

ある日突然、自分に名前がつけられ、夕羅という言葉が自分を示すものであることなど、この子には理解できるはずもないのだから、呼んでも来ないなどといったことはまったく気にしていなかった。

それでも、はしゃぎたい盛り、遊びたい盛りの幼犬なのに、私たちが誘っても、茉莉花が誘っても、表情一つ変えず、いつも静かに動かずにいる。激しく揺れる瞳はさらに遠くを見つめ、私たちの呼びかけは、まるで聞こえていないかのようであった。

「淋しいだろうに……」

私たちは、こうして心を閉ざすしか方法がなかった夕羅の生活に思いをはせ、また、群れからはずれて独りポツンといるその姿に涙した。

こういう時に私たち人間は、何とかしようと焦るものである。私も、初めて心を閉ざしてしまった犬と向き合った時は、どうしてわかってもらえないんだろうと、悔しいやら情けないやら、何をしていいのかわからないやらで、地団駄を踏んだ覚えがある。

でも、私たち人間もそうであるが、何とかしようとすることって、頑張れ、頑張れと、ひたすら相手のお尻をたたいているだけにすぎないのではないだろうか。相手は充分に頑張ってきたのである。これ以上、何を頑張れと言うのか。私たちがそれをされたら？　たぶん、心がさらに追い込まれて、ますますかたくなになっていくだろう。

また、早く近寄ってきてほしい、早くしっぽを振ってほしい、早く甘えてほしい、早く遊んでほしいなどとせかすことは、相手を自分の都合に合わせたいだけであるということを、私は他の犬たちから教えてもらっていた。

だから、夕羅の無表情が脳神経障害から来るものではなく、心を閉ざしたものであるとわかってからは、まったく焦らなかった。具体的にどうすればいいのか……、それは「待つ」ことと、「心と心をふれ合わせる」ことをすればいい。

私たちはいつでもその子の側にいて、ジッと見守る。相手が近づいてくるまでは決してさわらない。何もかもを相手のペースに合わせるのだ。

以前、同じように孤独に耐えかね、心を閉ざしてしまった一心の心のケアをしたことがあるが、この子は視覚障害がなかったために、カンガルー袋と名づけた袋を縫い、四六時中抱いているといった積極的な方法をとった。

が、夕羅には私たちが見えてないのだから、何をされるかわからないという恐怖が常につきまとう。それならば、できるだけ夕羅を驚かせないようにしようということになり、「夕羅が自然に心を開いてくれるまで待つ」、このような方法をとった。

見えない夕羅に、何度も何度も声をかける。驚かせない程度に床をトンと踏みならして、振動も伝えてみた。でも、私たちがしたのは、それだけである。幸い食欲はあったので、それ以外は何もせずに見守ることができた。

私たちは、私たちの都合ではなく、あくまでも夕羅のペースで、また、夕羅が私たちを感じたいと心を開いてくれるまで、ただひたすら待った。

一方、私たちとまったく違うアプローチをしていたのは茉莉花だ。犬である茉莉花の行動は、とてもおもしろい。夕羅がいくら知らん顔をしても、なびかなくても、日に幾度かは必ず遊びに誘い、ついて歩いたり、他の犬が夕羅に近づいたら唸って守ったり、体中舐めたりと、とても積極的なのだ。

夕羅はそういった茉莉花の行動の全てを無視していたが、なぜか拒むことはしなかった。茉莉花の誘いはいつも空振りで報われることはなかったのだが、一度たりともあきらめることはしなかった。

「お母さん、茉莉花はいいねえ」

「ん？　なんで？」

「だってね、私たちが手を出すと、夕羅は怯えてる気がするの。でも、茉莉花はさわっても怖がられてはいないし、積極的に関われるじゃない」

「ほお、夕羅、怖がるような表情をするんだ」

「うん」

「どおれ……」

私は、「夕羅、夕羅」と声をかけながら、夕羅の背をさわり、ひょいと抱きあげた。

すると、プルル、一瞬だが、夕羅の体が震えたのを私は見逃さなかった。

「ほら、今さ、ちょっと怖そうな顔をしたよ」

私と夕羅の様子を見ていた長女が、心配そうに言う。

「うふふふふふふ」

私は思わず笑った。

「なんで笑うの？」

「だって考えてごらんよ。今まで、何の反応も示さなかったんだよ。それがね、今、プルルって、一瞬だけど震えた。恵理奈は怖そうな顔をしたって言った。これって何？　少しだけだけど、感情が表に出たっていうことじゃない？」

「あっ、そうかっ」

長女が笑う。

「うふふふふふ」

一度表情が出れば、凍った心がとけるのは時間の問題である。この時期に、わずかでも恐怖感は味わわせたくないので、以後、夕羅をさわる時には充分に気をつけた。痛いことは何も起きないし、抱きあげられることは怖くない、胸のなかに抱かれることは気持ちいいと理解してもらえるような接し方をしていけば、恐怖心は自然に消えるだろう。これから本当に大切になるのは、「今、ここに、夕羅を大切に思う人間と、群れがいる」と、わかってもらうことだった。

同じくして、茉莉花の努力も実ろうとしていた。夕羅が遊びにのることはなかったが、茉莉花に舐めてもらっている間、気持ちよさげに目を細めるようになっていたのだ。

「恵理奈、茉莉花、もう少しだよ、もう少し。焦らないで、ゆっくり」

私は、自分にも言い聞かせるように、日々、二人に声をかけた。

こうして夕羅は、重く閉ざした心の扉を少しずつ開放し、幼犬らしい明るさを取り戻していく。今の夕羅を見たら、「この子が本当に心を固く閉ざしていた犬なのか？」と思われるだろう。うるさいぞ、と言いたくなるくらい、元気だ。

遠い昔に母犬と一緒にいた記憶をたどるがごとく、ガフガフと声をあげながら、コロンと仰向けになってお腹を出し、四肢をバタバタさせて茉莉花と遊んだりもする。「夕羅ー」と呼ぶと、声のするほうにピッと耳を向け、必死になって近寄って来て、『抱っこして』と、前両足をチョコンとかけたりもする。

知らない人が来ると、家の犬たちみんなの真似をして、番犬をするようにもなった。目が見えていないので、あらぬ方を向きながら、だが。

それでも、家具の配置を全て覚え、「本当は見えているんでしょ?」と聞きたくなるくらい、上手に避けて歩く。みんながベッドから下りて用を足しているのを感じ取り、クンクンと真剣ににおいをかいで、自分もトイレで用を足すことができるようにもなった。もちろん、上手にできた時に褒めちぎったことは言うまでもない。

ご飯の前の「座れ」「待て」などは、まったく教えていない。だが、カチャカチャとふれ合うフードボールの音が鳴ると、他の犬に「座れ」「待て」と命令しているのを聞いているうちに、なぜか座って待つようになった。言葉がどういう行動を示すのかを、見えない夕羅がどうやって学習できたのかは、いまだに謎である。

夕羅の後に同じ繁殖業者から来た保護犬に、先にリハビリがすんだお姉さんぶりを発揮して、相手が怒るまでしつこく追い回し、「もうやめなさい」と私たちに叱られるようにもなった。

夕羅の性格は、明るくて、元気はつらつ、おもしろくて、温かい。でも、突然死と背中合わせの日々であることを私たちは決して忘れない。かといって、特別扱いすることもない。一生懸命に生きる夕羅に、死という言葉は似合わないからだ。

私は、どの子とも、一日一日を心に刻みながら生きようと、長女と話した。

第七話　犬が教えてくれたこと

「くろ」が我が家にやってきたのは、五才の時だった。

くろは、子犬の頃に捨てられた。独りで歩いていたくろを一人暮らしの老人が保護し、自分の家族にした。本来なら、くろは幸せになれるはずだった。しかし、思いがけない運命が待ち受けていたのである。

「何とかしてくださいよ、この犬」

老人が暮らしていたアパートの大家が、くろの飼い主だった老人の息子夫婦を呼び出し、くろを前に話しはじめる。

「何とかしろって言われても、自分たちはペット不可のアパートに暮らしているんです。引き取りはできません」

「じゃあ、犬を処分してくれるところがあるだろ。そこに引き取ってもらいなさいよ」

アパートの最後の店子だったくろの飼い主の老人は、くろを拾った直後亡くなっていた。五年も前の話である。五年間、くろは無人になったアパートの敷地内につながれ、エサは息子夫婦にもらうという生活をしてきた。

老人が亡くなった後、誰一人として借り手がつかなかったためにくろをそのまま置いてくれた大家だが、アパートを取り壊して新しく建て替える計画をたてた今、くろは邪魔者以外の何者でもなくなってしまった。

「長く住んでくれてたし、この犬も行き先がないだろうと思って黙ってここに置いてあげたけど、もう五年ですよ？　これ以上は私だって我慢ならないし、新しく建て替えるので、この犬を置くことはできません」

大家の言うことには、大家なりの筋が通っている。五年もの間、くろをこのアパートの敷地に置くことを許してくれていたのだ。これ以上、甘えるわけにはいかなかった。

「篠原さん……、今すぐに引き取り手がいないと、この子は収容所に連れていかれてしまうの。私はアパート暮らしだから引き取れないけど、必ず新しい飼い主を探すから、その間だけ、少し預かってもらえないかな」

ある日突然、知人からそんな電話が来た。どこからどう話が回り、知人の耳にくろの話が入ったのかは知らないが、くろの命をつなぐ事情が私に伝わってきたのである。今すぐに引き取り手がいなければ、収容所送りになる。収容所に入れられたなら、飼い主が放棄した犬だから、翌日には二酸化炭素による窒息死処分になってしまう。それらの事情を知っている私が、断れるはずはなかった。

こうして知人に連れられて我が家にやってきたのが、体重十五キロ、中型の雑種犬、くろである。我が家に迎えた犬ならば、即座に新しい名前にしてしまうのだが、あくまでも、次の飼い主が決まるまでの預かりということだったので、名前は変えなかった。

「名前を変えても大丈夫ですか？　犬は名前がかわったことを理解できますか？」

よく、そう質問されるが、犬には名前という概念はなく、言葉の一つとして覚えるものだ。例えば、名前にした言葉を犬が耳にした時、声のするほうを見たら、人間が笑顔で両手を広げている。その人間に近寄っていったら、「よしよし」とたくさんなでてもらえた、フードをもらえたなど、この言葉を言われて行ってみたらよいことが起きたと認識すると、その言葉はとてもよい言葉で、また自分を指すものだと理解する。

だから、例えば真逆の行いをしたら、つまり、叱る時にばかり名前を呼び続けたら、その言葉を聞くと悪いことが起きると学習し、犬は逃げるようになるのだ。

我が家には飼い主に放棄されてしまった保護犬がいるが、全て名前は変えた。捨てられた時の名前などはいらない。これからは絶対に幸せになれる、幸せにする、私と犬がお互いにそう信じ合った時に、信頼に見合う名前をつけるのだ。

当然、初めの間は○○ちゃんという言葉が自分を指すものだとはわからないが、一週間もすると、それが自分を示す言葉であることをほとんどの犬が理解する。

スクールに来る生徒のなかで、犬が自分の名前をあまりにも悪い言葉として認識してしまっている場合は、名前を変えていただくこともある。そういう時でも、犬はわずかな間に新しい名前を覚えてくれるものだ。

くろは短毛で全体的に黒い毛色をしており、額の部分はいわゆる富士額というやつで、それはわずかにだが、ハスキーやアラスカン・マラミュートといった犬種を連想させた。四肢の中間で黒毛は切れ、その下は灰色がかった白。目はクリンと丸く、瞳が大きくて白目が見えず、輝きを持つ深みのある漆黒色をしている。

尾の毛量は豊かで、キツネのそれを連想させる。鼻は少し太くてつまっており、いわゆるキツネ顔というよりも、タヌキ顔に近い様相をしていた。耳は先が丸く半分から前に折れている、半立ち耳だった。

「なかなか可愛い顔をしているね」

連れてきた知人に、私はそう話した。くろを預かった時、捨てられている犬を保護し新しい飼い主を探すという活動を、すでに何年間もしていた。その経験上から、私はくろに新しい飼い主が見つかる可能性はとても低いだろうと思っていた。

というのも、新しい家族を希望される方々のほとんどが子犬を欲しがるものだ。なかには、昼間、家人が留守をするので子犬の面倒は見られない、成犬をください、という方もおられるのだが、その方々が希望するのは一～三才くらいまでの若い犬で、すでに五才になっていたくろは、条件が悪いということになってしまうのだ。

それでも私は、知人の「新しい飼い主は絶対に探す、だからそれまでの一時預かりをしてほしい」という言葉を信じて新しい名前をつけなかった。だが、結局くろに新しい飼い主はつかず、終生、我が家で暮らすことになった。

さて、我が家に来たくろ。連れてこられた時や、来て三日ほどはおとなしかったが、

少しずつ本性を現しだした。

「ちょっと待て……」

色々な犬を経験してきた私だが、思わずそうつぶやいたほど、その本性はすさまじく、誰かれかまわず噛みつくという恐ろしいものだった。

できればいずれ部屋のなかで暮らしてもらいたいのだが、五年もの間外飼いで暮らしてきたことと、住み慣れた場所を取りあげられ突然知らない家に連れてこられたという諸事情から、慣れるまでは前に近い生活をさせてあげたいと思った。

そこで、私は、当座は外につないでおき、私たちや環境に慣れたら室内へ移動しようと考えていた。しかし、くろの本性を前にすると、それどころではなくなってしまった。

まずは、このすさまじい攻撃心がどこから来るものなのかを探る必要がある。原因を突き止めてから治療しなければ、室内飼いどころか、くろにふれることすらできない。

私はくろを連れてきた知人に電話し、今までくろがどんな生活を送ってきたのかを、亡くなった老人の息子夫婦に聞いてほしいとお願いした。

知人からきた返答は、驚くものだった。くろの飼い主だった老人が他界後、くろは無人になったアパートの敷地内に、犬小屋の側に独りポツンとつながれていたという。エサは息子夫婦が食べさせに来てくれたので飢えることはなかったが、散歩はたまにしかしてもらえなかったそうだ。

くろがつながれていた場所の横は、低いフェンスになっていて、隣は駐車場だった。その駐車場を利用している人か、または通りすがりの人か、近所に住んでいる人なのかなどはまったくもって不明だが、石を投げつけられたり棒で殴られたりと、相当な虐待を受けていたというのだ。

たまたまエサやりにきた息子夫婦がそれを見て、いたずらされないようにと、くろの小屋の周りをベニア板でグルリと取り囲んだが、上は開いていたものだから、それはくろの視界をさえぎっただけで、虐待を防止することはできなかった。

ベニア板で囲われた後も、くろは日々、虐待を受け続けた。犬小屋に逃げ込めば、犬小屋の入り口から棒を突き立てられる。出れば殴られ、石をぶつけられる。この五年間、くろは虐待地獄のなかで生きてきたのである。

「そんな生活を送ってきたか……。ならば、人間が大嫌いになっても仕方ないよね。

信じられなくて当たり前だよ。でもくろ、人間のなかにも、そんなことはしない人たちがたくさんいるんだよ」

野生の狼を捕らえてつないだら、こんな風なのではないかと思われるくらいに、私を睨みつけながら白い牙を剥き出しにして吠えまくるくろに、私はそう話しかけた。

この日を境に、私はくろが負ってしまった心の傷を癒し、再度くろからの信頼を取り戻すために、死闘とも言えるくろとの精神的な戦いの日々が幕を開けるのだが、詳しくは『心を病んだ犬たち。（KKベストセラーズ刊）』で紹介しているのでそちらを読んでいただくことにして、ここからは、くろからの信頼を取り戻した後日談を紹介したいと思う。

「くろ、こっちにおいで」

私が呼ぶと、においかぎに夢中だったくろはそれをやめ、すぐに戻ってくる。私はくろの全身を静かになで回し、くろは私の顔を何度も何度も舐める。こうしてくろと二人きりで、ドッグランでよく遊んだ。毎日、毎日、それこそ飽きるまで遊んだ。

その頃のくろからは凶暴さはすっかり消えて、人間不信もなくなっていた。クリッとした丸く艶やかな瞳で私を見上げ、十五キロもあるりっぱな成犬なのに、抱っこが大好きという犬に大変身を遂げていたのである。

人に対する攻撃も、恐怖心もなくなり、再度人間を信頼してくれるようになったくろだが、全ての心の傷が癒えたかというと、答えはノー。

「先生、どうしてくろちゃんだけが外につながれているんですか？　犬小屋もないし……」

この質問は、スクールに来る生徒によくされたものである。

くろは、我が家では誰かが来ると真っ先に見える位置にある、米を保存したり、物置になったりしている建物の軒先につないであった。他の犬たちは全て室内飼いであったから、事情を知らない生徒が不思議に思うのも仕方がない。しかしこれには、実はわけがあった。

「くろ、今日からくろのおうちは私の部屋だよ。今から、部屋で暮らすの。いつも私と一緒ね」

私は、噛みつかなくなったくろにリードをつけると、自室に招き入れた。私の部屋には、くろと同じで飼い主から放棄された四才のオス、体重二十四キロほどのアフガン・ハウンドのカイザーと、生後約四ヶ月で都内を闊歩していて収容所に収容されたグレート・デーンの十兵衛が先住犬として暮らしていた。

カイザーは気位が高く、ちょいと神経質、きれい好きで物静かな性格をしている。十兵衛はというと、年齢は一才で、体重八十五キロ、立ちあがって首を伸ばせば二メートルを超える巨体に成長していたが、性格は至って穏和で、ひょうきん者のいたずら好き、誰にでもすり寄っていく子である。

くろと会わせる時に一番心配したのは、相手に対して攻撃をしないだろうかということだった。もしくろと十兵衛がお互いを攻撃してしまったら、十兵衛は確実にくろの息の根を止めるだろう。

十兵衛は、大人が三人かかっても引っぱられてしまうかもしれないほど力がある。あごの力も強大だ。噛みついてググッと力を入れるだけで、十五キロほどの中型犬や、ドーベルマンのような細い首ならば、その骨をいとも簡単に噛み砕くことができる。しかし、性格から言うと、十兵衛から攻撃する確率は少ない。今まで色々な保護犬たちが私の部屋で暮らしたが、一度も自ら攻撃をしたことはないし、人間の指ならスポッと入る大きな鼻の穴をさらにふくらませてクンクンとにおいをかげば、それで満足してきたからである。

一方カイザーは争いごとは好まず、攻撃されれば逃げ出すだけなのを知っていたが、狭い部屋では逃げる場所もないので、とりあえず長男にリードを持ってもらった。当時小学生だった長男でも引き寄せられる力しか、カイザーにはなかった。

問題は十兵衛。その力をどうやって制御するかだが、ヘッドカラーとかジェントルリーダーなどと呼ばれている道具を使った。これは、馬にかけるたずなと同じようなもので、額段（がくだん）（おでこから鼻になる少し下がった部分）にナイロン状で幅一センチ強ほどの太さのベルトをかけ、耳の後ろを通してパチンと留める。

一見、口輪に見えるが、口自体は押さえられていないので、口を開けることはできるし、水を飲んだり、パンティングだってできる。だが、顔自体が前に進めないので、どんな力で前に出ようとしても、出られないしくみになっている。

しかし、小学生ではそれでも引かれるおそれがあったので、ヘッドカラーにつけたリードの先を、柱に打ちつけた鍵フックにかけ、さらに長女が「引かれるかもしれない、いつでも来い」と全身に力を入れて、リードを握る。

十兵衛は、こんなに厳重にされていったい何が起きるんだろうというような表情を浮かべて、部屋中をキョロキョロと見渡していた。

「いいかーい、ドアを開けるよー」

私は、初めて室内に連れてこられ、興奮気味にグイグイと前に引こうとするくろに、「落ち着いて」と声をかけながら、つけたリードをしっかりと握る。少なくても、カイザーと十兵衛は動けないようにされているのだ。くろから攻撃をしかけられたら、二頭ともたまったものではない。

今まで、散歩時、毎日この三頭は顔を合わせてはいるのだが、側に近寄らせたことはなかった。だから、くろがどういった態度に出るかまったく見当がつかなかったために、私は本当に全身に力を入れて、くろのリードを短く持った。

「いいよー」

と、子どもたちの声がする。よーし、私は返答を受けて、自室のドアを静かに開けた。

果たしてくろは……、十兵衛とカイザーの姿を見たとたん、

「ヴヴーー、ワンワンワンワン!!」

と激しく吠えたてた。

背中の毛がブワッと逆立ち唇をグイッと上に持ちあげて、わざととがった犬歯を見せつけ、攻撃しようと両前足が宙に浮くほどに前に引く。それは、我が家に来たばかりの頃の、野生の狼にも似たすさまじい形相で攻撃をしかけてきた、まさにあの時のくろだった。

「ヴァン！　ヴァン！」

野太い声を張りあげて十兵衛が吠えだす。あきらかに怒りのこもった吠えだ。両目が充血し、くろに向かって突進するために前に出ようとするが、長女が必死になって十兵衛のヘッドカラーを押さえていたし、万が一引かれても、柱にくくりつけてある以上、十兵衛はくろに飛びかかることはできない。

十兵衛は犬の群れのなかではボス的存在で、自らが攻撃をしかけることはないが、売られたケンカを見逃すほど甘くはない。しかもここは、先住犬である十兵衛のテリトリー（縄張り）なのである。十兵衛にすれば、ある日突然、ヌッと進入してきたくろに傍若無人に攻撃されれば、その相手を当然のごとく敵とみなし、敵を排除しようとするのは当たり前の行動である。

カイザーは怒りまくって吠えたてるくろと十兵衛におそれをなして、長男に隠れるようにして成り行きを見守っている。

「終わり!」

私は声を張りあげてそう言うと、自室のドアをバタンと閉めてくろを庭に連れ出した。この様に攻撃的な相対をした犬たちがこの先同じ群れになって暮らすには、一度戦わせて優劣を決めさせしっかりとした上下関係を築かねばならないが、十兵衛とくろを戦わせるわけにはいかない。戦わせたら、くろに待っているのは死だからである。

「くろ、なんであんなに攻撃したの?」

少なくても、先に攻撃をしかけたのはあきらかにくろのほうだった。私は十兵衛の出すカーミングシグナルを読んでいた。ドアを開けてくろが飛び出したその瞬間までは、十兵衛はくろから視線をはずしていたのである。

くろは間をあけずに攻撃をしかけたから、そういう十兵衛のカーミングシグナルは本当にまばたき一つの間くらい一瞬のものだったが、視線をそらすというのは攻撃の意思はないというシグナルだ。くろがそれを無視したから、十兵衛もすぐに攻撃態勢をとっただけである。

それからのくろは、十兵衛とカイザーを見るとガウガウと攻撃をしかけるようになり、室内で暮らせる可能性はゼロになってしまった。

また、くろの側に犬小屋を置かなかったのにも理由がある。我が家に来た当初はちゃんと置いてあったのだ。しかし、くろにとっての小屋は、いじめを受ける場所にしか思えなかったのだろう。雨がそぼ降る寒い日でも、地面にわずかなくぼみを掘り、そこに身を丸めて雨に耐えていた。

一度だけ、力ずくで小屋に入れようとしたことがある。その時のくろの怯（おび）えた目を見て、「こんなの間違ってる」、そう思った。

それからは、小屋がなくても雨にあたらないよう、軒下にくろを移動した。風の強い日は、風をさえぎる壁になる板を立てた。日差しが強い日は、直射日光があたらないよう葭簀（よしず）を立てかけて防いだ。寒さが厳しい冬は、毎日湯たんぽを作ってくろの側に置く。くろは、湯たんぽを抱きかかえて眠りについた。

くろを室内で暮らさせてあげられないことは、本当に申し訳ないという思いにかわって、私にのしかかる。でも、私の部屋には入れ替わり立ち替わり保護犬も入るのだ。十兵衛とカイザーだけでなく、保護犬までをも外に追い出すことはできない。攻撃をしかけるのがくろである以上、いくら室内に入れたいと思っても、できないものはできないのだ。私はそう自分に言い聞かせ、軒下にいるくろの側に、日に何度も足を運んだ。

犬と暮らす時、外につながれているという様式は、群れから独りポツンと離されているということだ。自分から仲間に近寄ることはできず、群れのボス（この場合は人間）に守られる生活も送れない。これは犬の習性からはずれた生活様式で自然界ではあり得ない。

ことがらによっては、いくら自然界ではあり得ないことだとしても、犬が人と暮らす時、お互いの都合にお互いが合わせて、歩み寄れるだけ歩み寄ることはしなければならないと思う。それが不自然なことであってもだ。

例えばトイレ。犬は本来、トイレは、自分でその場所を決める。だからといって、部屋のなかのどこでもシャーとやられたら、すでにその先に大きな困難が待ち受けていることは安易に想像できる。時間がかかったとしても、またそれが犬本来の習性を曲げることであっても、ともに暮らすための必要最低限のしつけだと思う。

私の部屋には今、七頭の犬が同居しているが、知的障害のある一頭をのぞいたほかの六頭は、私が困ることは何もしない。

留守の時も、食べ物を犬が届く場所に置いていくことをしなければ、ケージに入れたりしなくても部屋が荒らされることもないし、何より、人間側からだけでなく、愛犬が近寄りたいと思う時に人間の側に行けるという自由は、その心に落ち着きと安心感を与える。

ただし、ともに暮らすには大きな注意がある。それは、四六時中一緒にいればいいというわけではないということだ。もし犬と、それこそ二十四時間離れない生活を半年でもしたとしよう。

犬は独りになると強烈な不安感に襲われるようになり、吠え続ける、部屋中を荒らす、糞尿をまき散らすなどの異常行動をとりはじめる。これが「分離不安症候群」という、心の病気の症状である。この病気にしないためには、同室でともに暮らしても、日々のなかで愛犬と離れる時間を作ればいい。

自然界で暮らす狼や野犬は、重度な分離不安症候群なのだと思う。だからこそ、お互いから離れず、群れの結束はより固くなる。しかし、人間と暮らす犬がそうなってしまったら、かえって共に暮らすことが難しくなってしまうのだ。

犬の習性は大切にしてあげたい、「できる範囲」のことはする。でも、全てを自然界と同じにはしない。それが、「お互いが歩み寄る」ということではなかろうか。

くろの場合、くろから私の側に来ることはできない生活様式であるから、私は時間を作ってはくろの側にいた。最初は大喜びし、とても興奮する。しかしそれが日課になると、室内にいる犬と同様とまではいかないが、興奮してもすぐに治まるようになった。

人間を信頼し、噛みつかなくなったくろは、他犬には攻撃的になることがあったが、少なくても人に対しては誰にでも尾を振るようになり、番犬もしなくなった。


こうした生活が五年続いたある日、くろが十才になった年だ。

毎年冬になると用意し、結局はくろにふられて物置送りになっていた犬小屋を、私はその年も引き出してピカピカに掃除し、フカフカの分厚い座布団をなかに敷いた。去年までは、何日犬小屋を置いておいても、くろは絶対に入らなかった。

今年はどうだろうか。くろの心の傷はよくなっただろうか。私は「よいしょ、よいしょ」とかけ声をあげながら、重い犬小屋を引きずるようにしてくろの側に置いてみた。

入りたくないなら今年も入らなくていい。でも、犬小屋のほうがはるかに風を防いでくれるし、暖かさだって違うだろう。

「くろ、犬小屋にはいい思い出なんてないよね。でもさ、もうくろをいじめる人間なんていないんだ。もしいたら、母ちゃんがやっつけてあげる。見てよ、この小屋、フッカフカの座布団を入れてみたよ。暖かいよ、座り心地がいいと思うよ。チラッと入ってみたりしないかな〜」

私は小屋の前にしゃがみ、くろに話しかけた。くろは飛びついたり私の顔を舐めたりとひとしきり遊ぶと、チラリと犬小屋を見る。

「どうどう？　あの座布団は母ちゃんのより上等だね」

私は犬小屋のなかに敷いたフカフカの座布団を指でツンツンとつつきながら、くろを見つめた。するとくろは小屋の入り口まで行き、クンクンと何度もにおいをかいだ後、おもむろに頭から小屋に入り、なかでクルリと向きを変えると、入り口から頭を出してドカッと伏せた。

犬小屋に入るということは、逃げ場を失い、入り口から太い棒が進入してきてくろの全身をドカドカとつつき回すことであり、くろにとっては地獄であった。だから、どんなに寒い日でも、どんなに風が強い日でも、五年もの間、かたくなに拒んでいたものだったが、とうとうくろは受け入れてくれた。

また一つ、くろの心の傷が癒えた。

また一つ、くろは人間の悪行を許してくれた。

ポロリ、ポロリ……。私の涙はしずくになって落ちた……。

くろが犬小屋を受け入れてくれるまでに五年かかったが、私はもう一つだけ、くろにさらに自由な生活をしてほしくて、リハビリを続けたものがある。

それは、犬舎で生活するというものだった。室内で暮らすことが無理である以上、くろをつなぐリードをなくして、少なくても自由に動ける空間で暮らしてほしかったのだ。

我が家には、超大型犬である十兵衛と蓮が昼間の間暮らす犬舎が作ってある。高さ百八十センチのさび止め加工をした鉄のフェンスで十畳ほどの裏庭を囲い、一部に屋根をかけてある。このなかに何度かくろを入れようと試みたのだが、くろは毎回、必ず拒んだ。

「何も起きないよ」と、私が押し入れると、か弱くて細い、「キャイ……ン」という声をあげる。悲鳴ではない。でもその声は、あきらかに助けを欲しているものであり、『母ちゃん、早く出して！』と私には聞こえた。

すぐにくろを引き出し、「無理強いしてごめんよ」と何度もくろに謝りながら、その後必ずドッグランで遊んで、定位置につなぐ。

くろは、犬小屋もろともベニア板で囲われ、今まで見えていたものが立てられた板で見えなくなるという恐怖と、上から虐待されるという辛苦をさんざん味わったものだから、囲われて、上が開いている場所をとても怖がったのだ。

毎日遊ぶドッグランは百八十センチのフェンスで囲ってあるが、六百坪という広さがあったために、囲われたという認識をしなかったのだろう、くろはそこが大好きだった。

しかし、いくら好きでも自宅から三百メートルも離れているドッグランで暮らさせるわけにはいかない。

「今年もダメかあ……」

私は大きなため息をつき、くろが負った傷のあまりの深さに心を痛めた。

「ダメだったの？」

「うん」

まだ係留されているくろを見て、Hさんが言う。

Hさんとのつきあいはとても古い。私の次女とHさんの長男が同学年で、同じ幼稚園に通っている頃からだ。Hさんは、私たちが子どもを連れてキャンプに行った時など、犬たちのエサやりや掃除を一手に引き受けてくれている。くろが、家族以外の人間で最初に仲良くなったのも彼女だった。

「くろ、今回もダメだったか。囲われても怖くないのにな」

Hさんは甘えてくるくろの頭をなでながら、話しかける。

「ねえ、簡易でいいからさ、十兵衛たちの犬舎じゃなくて、この庭に犬舎を作ってみてよ。でさ、くろが怯えなくなるまで、私が上から手を入れてなでるよ」

「ほんと？　そんな手間がかかることしてくれるの？」

「手間じゃないよ。ここの犬たちは、私だってご飯とか何度もあげてるんだもん。私の犬って言ってもいいくらい可愛いよ。だから手間じゃない」

本当にありがたかった。くろに少しでも自由に暮らしてもらうには、どうしても係留をやめて犬舎を新築してあげたい。でも、このままでは、いつくろの心の傷が癒えるかわからない。何でもやってみたかった。

私は子どもたちを動員して、急いで簡易の犬舎を庭に建てた。フェンスの高さは九十センチ。広さは百八十×二百四十センチである。庭に置いたから、くろは一日中それを眺めることができた。

くろをすぐにそこに入れることはしなかった。なぜなら、このなかが安全であることを、くろはまだ学習していないのだ。それなのに入れれば、十兵衛たちの犬舎に入れた時と同じ反応しか示さないだろう。

簡易の犬舎に、何頭かの保護犬を入れた。私の愛犬とうまく暮らせる犬は、一時的な保護にしろ、室内で暮らしてもらっている。昼間の数時間だけ、犬舎に入ってもらったのだ。

くろからは十メートルほど離れてはいたが、このなかで犬たちが自由に動いて、誰も危害を加えていないさまは見えているはずだ。犬たちが入ると、くろはいつもジッとその様子をうかがっていた。

私はくろをどこかへ連れ出すたびに簡易犬舎のドアを開けておいた。ドッグランに行く前には、必ず犬舎のドアの前をウロウロした。

犬舎のドアは、不釣り合いなほど大きなものが取りつけてある。くろが入りやすいように、また、くろが入ろうとした時に、万が一、体の一部分がドアのどこかしらにふれてもそれに驚かないようにと、このサイズにしたのだ。

それでも、くろが自ら入らなければ、何の意味もない。入ったら、Hさんに来てもらって上から手をいれてもらおう。そう思っていたのだが、毎日、簡易犬舎のドアの前をうろついても、くろは入らなかった。

なかばあきらめかけたある日のこと、いつも通りドッグランに行く前に、簡易犬舎の前で十分ほど立ち止まっていた時である。何を思ったのか、くろが、開いているドアからスッと簡易犬舎のなかに入った。それはあまりにも突然で、あまりにも予期していなかったことで、私は最初、何が起きたのかすぐには把握できなかった。

混乱する頭のなかで、とにかく私はくろと自分をつないでいたリードを離す。くろはリードを引きずりながら、簡易犬舎のなかを冒険しはじめた。

色々な保護犬が、入れ替わり立ち替わり入った場所である。そのにおいは、本当におもしろいものだったのだろう。くろは一生懸命に簡易犬舎内のにおいを嗅ぎ、ウロウロと動き回り、なかなか出てこようとしない。

私はそんなくろを見て、静かに簡易犬舎のドアを閉めた。それでもくろは、まだにおいをかぎ続けている。

「くーろ、くろぉ」

簡易犬舎の外からなかをのぞき込み、くろの名前を呼ぶ。簡易犬舎の高さは九十センチしかない。私の腰より低い高さだ。そこから人間がのぞいている。くろにとっては、一番嫌なシチュエーションだろう。しかも、逃げ道であるドアは閉められているのだ。

私は、くろがもし助けを呼ぶような鳴き声をあげたり、行動に少しでもおかしなところが見受けられたら、すぐにドアを開けてくろを出すつもりだった。しかし、私の心配をよそにくろは、嬉しそうに尾を振り、フェンスに両前足をかけて、呼んだ私の目の前に来た。

「いい子だねえ、くろ。そうだ、Hさんを呼ぼうか」

私は、くろの心境を読み取るために、ちょっとした行動も見逃すまいと目を皿のようにして見守りつつ、ポケットに入れていた携帯電話を取り出すとHさんに電話をかける。Hさんは十分ほどで来てくれた。

静かに、ゆっくりとした動きで、Hさんがくろの入っている簡易犬舎に近づく。くろはすぐにHさんを見つけたが、怖がるわけでもなく、逃げるわけでもなく、フェンスに両前足をかけたまま、嬉しそうに尾を振っている。

Hさんは、くろが待ち受けているフェンスの前に立つと静かに手を伸ばし、フェンスの上からなかに手を入れた。くろはその手をまったく怖がらず、振っていた尾をさらにブンブンと激しく振ると、何かを美味しそうにパクパクと食べている。

「何をあげたの？」

「ビスケット」

Hさんは、くろにおやつを持ってきてくれたのだ。上から入る手は決して怖くない。それどころか、美味しいビスケットをくれたり優しく頭をなでてくれたりするものだ、そうわかってほしかったとHさんは後で話していた。

くろのために簡易犬舎を作ったあの日から、二年目の出来事である。そう、二年間、私は毎日くろと、この簡易犬舎のドアの前をウロウロしたのだ。

くろ、十三才、最後のトラウマだった。彼が負った心の傷は癒え、またくろは人間を許してくれた。一つ、二つ、三つ、四つ……、私とHさんの目から涙がこぼれ落ちた。

それからすぐに、私は子どもたちと一緒にくろの正式な新居を、犬小屋を置いた軒下に作る。くろは迷わず新居に入る。そして、何事もなかったように犬小屋のなかに入り、おもむろに座布団を前足でひっかいて自分のいいように整えると、ドカッと伏せてクゥクゥと寝はじめた。

虐待などといった経験を人間がさせなければ、くろは最初からフカフカの座布団を敷いた犬小屋に入り、ノーリード（つながない状態）で犬舎のなかを自由に動き回り、上から差し入れられる手になでられていたことだろう。

しかし、人間がくろにしたしうちは、全ての傷が癒えるまでに八年という月日を要するほど、くろの心に深い深い傷を負わせ、苦しめたのだ。逃げられないくろを追いつめて虐待するなど、その人はもはや人間ではない。

でもくろは、そんな人間を許した。私は、くろの凛とした心に、言葉では表現しきれない尊敬をもって、静かに頭（こうべ）を垂れた。

くろが犬舎のなかではあるが自由に動ける生活を送れるようになり、小型犬のなかには友達もできた。ドッグランで元気に走り回る日々は、瞬く間に流れていった。真っ黒だった鼻の周りは真っ白になり、黒々としていた背中も灰色になる。

「オォォォォーーウ、オオオーウ」

くろが十五才を過ぎたある日、突然、夜鳴きが始まった。一日、二日と様子を見たものの、夜鳴きはいっこうに止まらず、甲高い遠吠えは夜のしじまを切り裂くように響き渡る。

昼間、ドッグランで運動しているにもかかわらず、他の時間はグウスカ寝入り、夜中の二時頃になると起きだして吠えはじめ、それは朝方まで続く。いくら田舎に住んでいるといっても、その遠吠えで私たちの目が覚めるほどであるから、ご近所の家の方も、きっと相当うるさいに違いない。

厚手のジャンパーを羽織ると、私は外に出た。耳が痛くなるほど空気は冷え、高い空にキラキラとたくさんの星がまたたいている。

「くろ、しぃ〜、静かに」

私はくろに、そう話しかけた。くろは私を見ると一瞬だけ吠えるのを止めたが、またすぐにあらぬ方向を向いて吠えだす。

「こらこら、静かにってば。母ちゃんがここにいるでしょ、くろ。静かにして寝よう」

もう、何を言ってもくろの耳には届かないようだった。困った私は、くろを連れて動物病院に相談しにいった。

「これは痴呆ですよ」

「痴呆ですねえ……」

そう、私には、なぜくろが遠吠えするのかわかっていた。十五才、人間の年で言えば八十才前後である。痴呆が出てもおかしくはない。

「夜鳴きには参りました」

「眠剤を使いましょう。六時間から八時間は効き目がありますから、逆算して眠ってほしい時間帯に効くように飲ませてください」

くろに睡眠薬が処方された。なるべくなら飲ませたくはないが、あんな甲高い声で吠え続けられては、ご近所迷惑なのは必至である。

（夜中の十二時に飲ませたら、朝の六時か八時までは効いているのか。でも、薬が切れたとたん遠吠えされてもなあ。くろが吠えだすのは夜中の二時頃だから、一時頃に

飲ませてみるか）

その夜私は、夜中の一時にくろの側に行った。あんなに吠えるのがまるで嘘のように、くろは寝入っている。

「くろ、くーろ、くろ」

何度か呼ぶとくろは目を覚まし、モソモソと犬小屋から出てきた。私を見て尾を振っている。私は、眠剤を忍ばせた肉団子をくろに食べさせた。

すごく嫌な気持ちだった。吠えさせないためにくろを眠らせることが、なぜかすごく悪いことのように思えてならなかった。なぜかはわからない。でも、とにかく本当に嫌な気分だったのである。

果たしてその夜、くろは時計でも持っているかのように、午前二時になるとまた甲高い声で遠吠えを始めた。眠剤はまったく効かなかったのだ。

ご近所から苦情の電話がきたらどうしよう、そう思いながらも、くろの遠吠えを聞いたらなぜか安心し、気の抜けた笑いが漏れた。

一回分として処方された眠剤が効かないのであれば、その量を増やすしかないだろう。でも私は、それはしたくなかった。

しかし、あの遠吠えを続けさせるわけにはいかない。私は午前二時少し前に、くろの犬舎に行った。午前二時を待つように、その時間になるとくろは起きだし、例の遠吠えをしはじめる。

「くろ、母ちゃんと散歩にいこう」

私は犬舎のなかに入ると、くろの首輪にリードをつけ連れ出す。くろはあれだけ吠えていたのに、リードを引いて犬舎から出すと、ピタッと吠えるのを止めた。

「くろ、お前さん、本当に痴呆?」

吠えるのを止めて私を見ながら嬉しそうに歩くくろは、痴呆になったようには見えない。私はそのままドッグランに行くと、月明かりのなか、一時間半ほどくろと遊んだ。帰宅したくろは、遠吠えをすることなく眠りにつく。

「くろ、夜中に散歩、つまり夜遊びをすればいいのか」

私はくろにそう言うと、それから毎日、くろと真夜中の遊びを楽しんだ。が、朝は当然起きられない。事情を知っている子どもたちは、私が起きなくても自分で朝ごはんを食べて登校する。

(ごめんね……)

私は心のなかで子どもたちに謝った。

私とくろの夜遊びは五ヶ月ほど続いていたが、そんなある日の土曜の夜のことである。犬舎に行き、何度かくろの名前を呼んだが、くろが犬小屋から出てこない。

「みんな！　ちょっと来て！」

私は寝入っている子どもたちをたたき起こし、

「くろが変だ、くろが起きてこない。死んじゃったのかもしれない」

と、半分泣きながら訴えた。すると、くろのご飯やり係の長男が、

「そんなことないよ。俺が夕飯をあげにいった時、くろは元気に起きてきて、ペロリとフードを平らげたんだよ。あんなに元気なくろが、死んでるはずないさ」

と、言う。しかし、いくら呼んでも、くろが犬小屋から出てこないのは確かなことである。時間は午前二時半少し前。私と子どもたちは、ゾロゾロともう一度くろを見に行った。

「くろ、くーろ、出ておいで」

誰ともなくそれぞれがくろの名前を呼ぶが、くろはやはり出てこない。

「おかしいなあ。夕方はくろ、しゃんとしてたのに」

長男はそう言うと、犬舎に入り、犬小屋からくろを座布団ごと引き出した。くろは、危篤状態だった。横たわったまま、ハァハァハァと浅く早い呼吸をし、いくら呼んでも反応はない。時間は午前四時になろうとしている。

「くろぉ、今夜も母ちゃんと夜遊びする約束だったでしょう。それを守らないのかよぉ」

私はくろの体を抱きあげ、グニャリと垂れる頭を支えて、耳元でそう話した。

昨日もくろは私とドッグランで夜遊びをした。昼間はグースカ寝入っていたが、名前を呼ぶと犬小屋から出てきて尾を振った。そんなくろの頭を、私はこの手でなでたのだ。それが今はどうだろう。私の呼びかけにも応えず、体の力も抜けきって、目すら開けてくれないのだ。

私はずっとくろをなでながら朝まで抱き続けた。子どもたちもくろを囲んでいる。心のなかに、とてつもなく大きな穴が開いて、その穴を冷たい冷たい強風がビュービューと吹き抜けていくような感じがした。

「時間になったら動物病院に行こう……」

私がつぶやくようにそう言うと、長女が、

「お母さんの気のすむままに……。くろはお母さんと歩いてきた犬だものね」

と、つぶやいた。

くろは動物病院が開く午前九時を待たずして、その意識を回復させることなく、日曜日の午前七時二十八分、十五才と十ヶ月で、静かに、本当に静かに、そして穏やかな表情を浮かべて、その生涯に幕を下ろした。

生まれてから五年もの長きにわたって虐待を受け、あまりの恐怖と痛みから、人を見れば噛みつく凶暴な犬になってしまったくろ。でも、時間こそかかったものの、くろは一つ一つ、人間の悪行を許してくれた。

そして私に、何年かかっても決してあきらめてはいけないこと、自分の都合ではなく、相手のペースに合わせて待つことの大切さ、深く愛すれば、必ず犬は心を開いてくれることなど、本当にたくさんのことを教えてくれた。

くろとの日々がなかったら、私は心を閉ざしてしまった犬たちのリハビリなど、できていないと思う。

「くろ、くろのおかげでね、私、他の犬たちにも心のリハビリができるようになったよ。くろの心の傷が癒えるまでの八年はとても長かったけど、今は一つ一つの出来事が大切な宝物になってる。あなたの心は、本当に優しくて、温かで、慈愛に満ちていて……。あなたは私にたくさんのことを気づかせてくれた。学ばせてもくれた。くろ、本当にありがとう、心からありがとう。私、頑張るから、心配しなくていいよ。私がいつの日か天に召されたら、必ず迎えにきてね」

私はくろの墓前に、言い尽くせない感謝と最大級の愛を込めて、赤いバラを一輪たむけた。

第八話　収容所での不思議な出会い

「あーちゃん、こっちにおいで。こっちこっち」

ベッドに座っている長女が、「あやめ」を呼ぶ。あやめは用心深くあたりを見回すと、隠れていたベッドの下から這い出し、ササッと長女の胸に飛び込んだ。

「あーちゃん、それじゃあまるで野犬みたいでしょう。あーちゃんはうちの子なんだよ。何も心配いらないの」

長女は、ため息に似た吐息をゆっくりと吐き出しながら、そう言った。

十四年前の私は、収容所と呼ばれている行政機関によく行っていた。そこは、県内全域の動物に関わる業務を行っている施設で、動物園や移動動物園、動物取扱業者の把握や、狂犬病に関する業務などを行う。

またその他にも、野犬や逸走犬（迷い犬）、交通事故に遭い倒れていたなどの負傷犬、飼い主に遺棄された犬猫たちを収容している。

放棄犬、猫は持ち込まれた翌日に、その他の犬や猫たちは収容日を含めて四日間収容した後、迎えが来ない場合は二酸化炭素で窒息死させ、九百度もの高温で焼き尽くす。粉のようになった遺灰はゴミとして産廃業者に引き取ってもらうのだ。

私はその収容所に通い、新しい家族が見つけられそうな犬を引き取り、受け入れ先を探すという活動をしていた。

十四年前の年間の殺処分頭数は約二万二千頭前後（二〇〇六年の殺処分頭数は一万二千四百六十頭、一日三十四頭強を処分）。日割りにすると、六十頭強の犬猫たちを殺処分していた。その犬や猫の五十から六十パーセント前後が、飼い主の手によって持ち込まれた幼い子犬、子猫たち。

なんという恐ろしいことだろうか。この子たちは、生まれたその瞬間から、死への階段を上らされていたのだ。そして、頭数こそ減ったものの、そういった現状は今もかわらないのである。

収容所に行き、引き取る子を選ぶというのは、本当に辛いことだ。誰かに引き取られなければ、収容されている犬も猫も全て殺されてしまう。命に優先順位はない。どの命も尊厳は守られねばならない。

でも現実には、私は二万二千頭もの犬や猫を引き取ることはできないのだ。捨てられている犬猫の保護や、保護団体の手伝いもしていた私にとって、せいぜい年間二十頭前後しか救える力はなかった。

私はできるだけ、一頭一頭の目を見ないようにしていた。視線を合わせた瞬間、私はどの子を連れ帰るか、選べなくなってしまう。命を選択するなど、なんと理不尽なことか。エゴイズム以外の何者でもない。でも、何を思っても、一頭でもいいから救える命を連れ帰りたかった。

私はその日も、なかなか選べずにいた。どの子の目も『生きたい！』と叫んでいる。どうしようかと悩んだ。今日はこのまま帰ろうか……、そう思った瞬間である。

『待って……』

私は誰かにそう言われたような、不思議な感覚に陥った。

（えっ、何？　今の……）

声が聞こえたような気がした先に誰がいるのかを確認するために、私はゆっくり振り返ると、迷わずに一点を見つめる。

（あの犬だ）

なぜそう思ったのかはいまだにわからない。でも、他の犬たちは、風景に同化してしまったように見えなくなったのに、その犬だけがクローズアップされて、私の視界に飛び込んできたのである。もう、その子しか見えなかった。

幻聴、そういってしまえばそれまでで、たぶんそれが一番納得できる答えだろう。でも、私はこの幻聴を聞く時がしょっちゅうあった。それはたいがい犬の心境であったり、その犬が置かれている環境をまるで犬が説明してくれるかのようだった。

そして不思議なことに、その内容を飼い主に確認すると事実と一致するのだ。だからその時も私は、この犬に呼ばれたと思った。

その犬は、七〜八キロほどが適性体重であろう小柄な雑種犬だが、今はとても痩せていて、腰骨や背骨、あばら骨が浮き出ていた。全体的に茶色だが、鼻先から目元までは黒い、いわゆるブラックフェイスと呼ばれている毛色だ。耳は比較的大きく、先が丸い立ち耳で、片方は中間から前に折れていた。ボロボロになった、赤い首輪をつけている。

（あんずにそっくり！）

私は瞬間的にそう感じた。

「あんず」とは、子犬の頃に収容所に持ち込まれ、姉妹犬と二頭引き取った片方の犬だ。一頭は別の家族のもとに行ったが、あんずはあまりにも臆病な性格をしていたので、うちの子にしたのだった。

私を呼びとめた犬を見ると、まるであんずが収容され、そこで殺処分されてしまうかのような錯覚に陥った。

私はすぐに携帯で長女に連絡をとった。

「恵理奈、あのね、あんずにそっくりなの。明日殺されるんだよ、明日」

「お母さん、落ち着いて。話が見えないよ。ちゃんと話して」

私は、その子が収容所の雑居房のなかにいること、その子に呼ばれた気がすること、何十頭もの犬たちがいるなかで、唯一その子とだけ視線が合ったこと、あんずによく似ていて、まるであんずが殺されてしまうような気がすること、明日、殺処分される房に入れられていることなどを、矢継ぎ早に話す。

長女は「うんうん」と聞いていた。

「で、その子の体格は？」

「えっ……」

私は思わず言葉をのんだ。というのも、我が家では中型犬以上（最低でも体重が十キロ以上）は私の部屋で、小型犬は長女の部屋で暮らすというルールがある。

その子は、太らせて正常な体格になったとしても、その体重は七〜八キロほどであろう。ということは、小型犬の部類に入り、当然長女の部屋で暮らすことになる。

「え……っと……、あのね……」

口ごもる私に、長女は察したように言った。

「ああ、わかった！　小型なんでしょう？」

「そ……そんなに小さくないよぉ。体重にすれば六〜八キロくらいかな……」

私の声はどんどん小さくなっていった。

その日、私は一人で帰宅した。

あの子が新しい家族に引き取られそうならば、それはあくまでも新しい家族が見つかるまでの一時預かりになるから、いちいち長女の意見を聞かなくても私は連れ帰る。

しかし、そこそこの年を重ねていそうだし、とても痩せていることから健康上の問題も何かありそうだ。新しい飼い主を見つけるのは難しいだろう。

となれば、連れ帰るということは、我が家の愛犬にするということになるのだ。家族それぞれが犬たちの色々な面倒を分担している我が家では、長女とちゃんと話さなければ、いくら引き取りたいと思っても、私一人の意見を通すわけにはいかない。

「で、どんな子だったの？」

長女は、ニコリともせずに聞いてきた。

一度引き取りたいと思った犬は、なんだかんだといいつつも引き取ってきた私の性格を、長女は熟知している。人と犬にも縁がある、いつもそう言っている私の考えを、自分がひっくり返すことができないのを知っているのだ。

でも今回は、私は長女の意見に従おうと思った。なぜなら、長女の部屋にはすでに多くの頭数の犬たちがいたし、その部屋で暮らすかぎり、細かい面倒は彼女に見てもらうことになる。だから、私の思いだけをゴリ押しするのはやめようと思ったのだ。

「えっとね……、あんずにそっくりなんだよ。でもあんずよりは少し小さいな。で、ガリガリに痩せてさ。まるであんずがそこに入れられてしまっているように見えたよ」

「それで？」

「声が聞こえた」

「ふうん、なんて言ったの？」

長女は、時々私に聞こえる幻聴のことを知っている。その幻聴が、なぜかその犬の置かれた状況などに合致してしまうことも知っていた。

「私が帰ろうとした時に、『待って！』って……」

「その他には？」

「何も聞こえなかった。あのね、明日殺されるんだよ。死んじゃうんだよ」

ゴリ押しはやめようと思っていたのだが、ついついその言葉が口から出てしまった。明日殺される、そう聞けば長女も断りづらくなる。それを知っていての言葉だった。私ってずるい、そう責める自分がいたが、それでも私は、振り絞るように発せられたあの子の声を忘れることはできなかった。

「わーーかった。いいよ、いい。連れておいでよ。私の部屋に入れてあげる」

長女は、やれやれ、という表情を浮かべて言った。

翌日、朝一番に私は収容所に行く。午前八時半ほどになれば、その子はガス室に追い込まれる。その前に行き着かねばならない。

「篠原さーん、この子でいいの？」

すでに顔見知りになっている職員さんが、ボロボロの、とてもみすぼらしくなった赤い首輪にリードをつけて、あの子を連れてきてくれた。

「そうそう、その子。ありがとう」

私は、この日は収容施設のなかには入らなかった。いや、入れなかった、というのが正解である。なぜなら、犬たちが心の奥から発する悲鳴のような、本当に悲痛な叫びが聞こえるからだ。

犬たちは、自分が殺される、つまり死ぬということは理解してはいない。「死」自体に関する概念がないのだ。でも、すさまじい恐怖は敏感に感じ取るものだ。幻聴でも何でもいい。とにかく『助けて！　怖い！　何とかして！』と、聞こえるのだ。

外にいても、その悲鳴は聞こえ続ける。なかに入って犬たちの顔を見たら、今から処分される犬たちの全てを引き取りたくなってしまう。でもそれは不可能だ。

私はその子につけられたリードを手に握ると、泣きたくなった。この子を迎えられた嬉しさはある。一方で、これから命を絶たれる犬たちのことを考えると、彼らを引き取れない自分の非力さに、無性に腹がたった。

ガス室での追い込みは、職員が歩く通路側の檻になっている壁が自動的に内側に迫っていき、同時に内側の壁があがる。その奥には通路があり、そこの通路に犬が全て追い込まれ、あがっていた内側の壁が下りる。細い廊下のような場所ができるのだ。すると、今度はその通路上の後ろの壁が自動的に前に動きだす。犬たちはその壁に押されて進むが、進んだ先はガス室、というしくみになっている。

ギギギギィ……。

職員が歩く通路側の檻になっている壁が、奥の壁に向かって動きだした鈍いきしみ音を背に、私は収容所を後にした。


「お母さん、この子のどこがあんずに似てるのよぉ」

「えっ？　似てない？」

「あのさぁ、自分の家の犬の容姿、忘れないでくれる？　全然違うでしょうが」

長女は、今にも腹を抱えて笑いだしそうだったが、それを必死になってこらえている様子だった。

「どれどれあんず、お母さんのところに来てごらん」

私はあんずを抱きあげた。あんずは典型的な日本犬系の雑種で、三角で小さめの耳は、両耳ともにピンと立っている。尾の毛量は豊かで背に向かってクルリと巻き、目はアーモンド形で濃い茶色だ。

「ふはははは、似てない。ぜーんぜん似てない」

私は思わず大笑いした。毛量も違う、尾の形も違う、体格も違う、耳の形とその大きさも全然違う。唯一、あんずとその子の似ているところといえば、全体的に茶色で鼻周辺が黒という毛色だけだったのである。

私たちはその子に、「あやめ」という名前をつけた。そう、スラリと真っ直ぐに伸びた茎に大きな美しい花をつける、あの菖蒲(あやめ)だ。首輪と同じくどこの骨も浮きあがり、とてもみすぼらしい体形のこの子に、健康でとびきりの美人さんになれと願いを込めてつけた名前である。

檻の外からはわからなかったが、あやめには痩せているほかに気になる箇所があった。何度か出産しているのだろう、乳首が大きく、そして伸びている。それに、両足のつけ根、鼠蹊(そけい)部に、ポコリとしたふくらみがあった。

「鼠蹊ヘルニアだね。程度によってはすぐに手術だ。それと後ろ足をあげて歩く時がある。膝蓋骨脱臼があるかな」

長女にそう言うと、

「うん。早く診察してもらわないとね」

と、同意してくれた。

あやめをすぐに動物病院に連れていき、健康診断を受けさせる。鼠蹊ヘルニアも後ろ足をあげて歩くのも心配だが、それより心配なことがあった。

収容所には犬ジステンパーや犬パルボといった、発症するととても致死率の高いウイルスが蔓延しており、収容される前どういった生活をしていたかわからないため、感染してしまっている可能性もあるのだ。

あやめを収容所から連れてきたことを話すと、いつもとは違う診察室に招き入れられた。

「しかし痩せてるねえ」

主治医が驚いたように言った。骨格的には七～八キロが適正体重であろうが、あやめの体重は、わずか五・三キロしかなかったのである。

「先生、体重管理は得意な分野です。内臓疾患がなければ、すぐに体重は増やせます」

　私はそう言った。

「う〜んと、ちょっと待ってくださいね」

　先生はあやめの胸に聴診器をあてたまま、ジッと何かの音をとっている。

「心雑（心臓の鼓動の雑音）があるなあ。ちょっと詳しい検査をしてみますね」

「お願いします」

　血液検査、エコー、レントゲンと、検査は進む。

「この子、フィラリア症だ。心臓につながっている肺動脈部分にフィラリアの成虫が寄生しています。血流がさえぎられて、その音が心雑として聞こえるんですね。まずはフィラリア症の治療をしましょう。それから、両足に鼠蹊ヘルニアがありますが、フィラリアの治療をしてからじゃないと麻酔をかけるのが心配なので、フィラリアを退治してからこちらの治療をしましょう。それと、右後ろ足に膝蓋骨脱臼があります。この年になってしまったら手術でどうにかできるものでもないから、今よりも体重は増やさなければならないけれど、少し痩せ気味の体重を保つだけでもいいと思います」

先生は、あやめの後ろ足の膝をさわりながらそう言った。

鼠蹊部とは、後ろ足のつけ根をいい、消化器、膀胱、子宮などが皮下に突出し、ポコリとふくらんだ状態をヘルニアという。子犬なら、獣医師の判断で生後半年から一才くらいまでに自然治癒するかどうか様子を見て、自然治癒しなければ手術をして治す。

だが、あやめはあきらかに五才にはなっていると思われ、この先、自然治癒するみこみはまったくない。痛みがあるようならすぐに手術したほうがよいのだが、主治医がその部分を触診しても痛がらないことから、早急な手術はしなくてもいいと判断された。

また、膝蓋骨脱臼とは、ようは人間で言う、膝のお皿と言われる骨が定位置になかったり、つぶれていたりするものだ。犬の膝は足首よりも太股に近い部分にあり、膝蓋骨は大腿骨(だいたいこつ)の先の部分にある。

あやめの場合は、膝蓋骨がカクンとはずれるように移動してしまう。はずれると足をあげて歩くが、何かの拍子で元に戻ると正常な歩き方に戻った。

幼少時ならば手術で治せるのだが、成長してからでは遅い。ひどい痛みがあり、犬が苦しむようなら人工関節を視野に入れて手術をする場合があるが、あやめの程度ならば、通常よりも痩せ気味の体重を保ち、膝蓋骨に負担をかけない生活をすればやりすごせる。

問題はフィラリアに感染していて、それが心臓近くの血管に寄生していることだ。フィラリア症は、犬糸状虫症とも言われ、数種の蚊などが中間宿主になって、犬に感染させていく。

フィラリア症に感染している犬の血液を蚊が吸うと、蚊がフィラリアの宿主になる。この蚊が感染していない犬の血液を吸うと、置きみやげとしてミクロフィラリアを犬の体内に残して感染させるのだ。

ほうっておけば、咳をしだし、運動を嫌がるようになり、貧血、腹水の貯留、僧坊弁閉鎖不全症を含む心臓病や動脈硬化症を招く。結果、心不全になり全身の臓器（肝臓、腎臓、肺などの重要臓器）がうっ血状態になって、肝硬変、腎不全などさまざまな機能不全を起こす。

感染した犬のうち、九十五パーセント前後は、こういった慢性経過をたどり死の転帰をとるが、突然、血色素尿（赤ブドウ酒のような色の尿）や、虚状態、呼吸困難、心臓の三尖弁（さんせんべん）閉鎖不全症をきたす急性症もある。急性症は重篤な場合が多い。

地域によって異なるが、一般的には、ひと夏経過した犬の約十四パーセント、ふた夏では約九十パーセントの犬が感染するといわれている。

しかし、六月から十二月までの七ヶ月間、月に一度の服薬や注射などの予防法が確立されているので、それさえ怠らなければ感染することはない。

「あやめ、フィラリアの予防さえ、やってもらってなかったか……」

今は犬の病気予防への関心が高まり、ほとんどの飼い主がフィラリア症や混合ワクチンの接種が必要であるという知識を持っている。あやめは飼い主放棄ではなく、逸走犬で、首輪もつけていた。誰かに飼われていたことには間違いない。

あやめの元飼い主がどんな人だったのかはまったく不明だが、予防できる病気に感染してしまっていたことに、私はショックを受けた。

「フィラリアの予防さえしてもらっていなかったのに、混合ワクチンの接種を受けているとは思えません。他の病気の検査もしてください」

ウイルスが蔓延している収容施設内に入っていたため、収容前の感染はなくても、犬パルボや犬ジステンパーなどといった、重篤になる病気に感染していないともかぎらない。現に、私が過去引き取った成犬や子犬の何頭かは、犬パルボを発症し、治療のかいなく亡くなっているのだ。

フィラリア症は、運動制限など日常生活を送るにあたってはいくつかの注意点はあるが、治療さえすれば完治する。

犬パルボについては発症した場合の致死率は五十パーセント以上、犬ジステンパーとなると、その致死率は九十五パーセント以上にもなる。今は何の症状もないが、明日、発病して重篤になっても不思議ではない。

検査結果が出るまでの数十分間、私は地獄に突き落とされた気分を味わっていた。

しかし、本当に幸いにも、あやめはそれらの病気には感染していないことが判明する。私と長女は、あやめを抱きながら、飛びあがらんばかりに大喜びした。

「よーし、あやめ、フィラリアからやっつけちゃおうぜ」

まずは、運動制限をしながら、フィラリア症の治療から始めることになる。帰宅後、あやめを先住犬がいる長女の部屋に入れた。子犬を産み育てた経験があるからだろうか、あやめは何の問題も起こすことなく、すんなりと群れにとけこんだ。

また、フィラリア症が完治すればドッグランで一緒に走り回れる日が来るだろうから、超大型犬たちにも会わせたが、あやめは臆することなく超大型犬たちに自分のにおいをかがせ、無事に対面をすませた。

治療と対面は順調に進んだが、ある大きな問題があった。

「あやめ、あやめー、出ておいでよー」

何度もそう言っている長女の声を聞き、私は思わず長女の部屋のドアを開けた。

「どうした？　何かあった？」

「それがさあ、あやめったらベッドの下から出てこないんだよ」

「うーん、まだ慣れていないからじゃない」

「うん、そうかなあ。まあ、まだうちに来て二日目だからね、仕方ないか」

一日目の夜、あやめにはケージで寝てもらったのだが、翌日、ケージから出したとたん、ベッドの下にもぐり込んで出てこないのだ。

「あやめっていう名前も覚えていないしさ、これからだよ」

「そうだね。まあ、様子を見てみるよ」

連れてきて日が浅く、まだ慣れていないせいと、楽観的に会話を交わしたが、こんな様子がこれから二ヶ月以上も続くとは、私と長女はほんの少しも想像していなかった。

例えば、あやめにご飯をあげる時。

「あやめ、ご飯だよ」

相変わらずベッドの下に隠れているあやめに長女が声をかけるが、いっこうに出てくる気配がない。

「いったいどうしちゃったのよお」

長女はそういいながら、フードボールのなかから数粒のドッグフードを手のひらにのせると、ベッドの下にソッと差し込んだ。

ガサゴソ……、あやめの動く気配がしたと思うと、長女の手のひらにのせられたドッグフードをパクッとくわえて、すかさずベッドの奥へと移動する。そこで数粒のフードを食べると、おずおずと戻ってきて、また手のひらの上のフードをくわえて急いで奥に戻る。

あやめは食事のたびにこんな動作を繰り返し、体重を回復させる量のフードを平らげるのに、毎回一時間もかかった。こんな様子は、まるで人間に少し慣れた野犬のようである。

動物病院に連れて行く時がまた大変。ベッドの下で右往左往するあやめを捕まえるのに、毎回汗だくになる。

「あのさ、あやめだけどね、病院へ連れて行く時は、いつもいつもベッドの下から追い出されて捕まえられるっていう恐怖を味わうわけじゃない。そんなことを繰り返していたら、いつまでも私たちが怖くない人間だって理解してもらえないと思うんだよ」

「うん、私もそう思う。でも、どうすればいい？」

「私さ、いいことを考えた。恵理奈のベッドね、買いなおそうと思う」

「えっ、買いなおすってどんなのに？」

「今のベッド、犬たちと寝るには狭いって言ってたじゃない？」

「うん、狭いことは狭いけど……」

「それもついでに解消。ダブルのさ、折りたたみベッドを買おうよ」

「折りたたみベッド？」

「うん。あれならね、あやめがベッドの下に隠れることもできるし、連れ出したい時は、あやめをはさまないようにゆっくりと折りたためば、隠れる場所はなくなるでしょ？」

「いいけど、予算、ある？」

私の懐がいつも寒いのを知っている長女は、悪いなあ、という。

「あやめは私が収容所から連れてきたんだし、予算はほら、あのお金」

私はニコッと笑った。

「あのお金って……お母さんが新しいパソコンを買うって、せこせこ貯めてたお金じゃない」

「そうだけど、まだパソコンを買うには全然足りないしさ。それに、今のパソコンで間に合っているんだからまだいらないよ。また貯めればいいし、あやめのために使っちゃうよ」

長女は実にすまなそうな顔をしていたが、私は半年間貯めていた〝新しいパソコンを買うぞ貯金〟を下ろして、折りたたみのダブルベッドを買った。

予想通り、このベッドは効果をあげた。普段はそのままにしておけばベッドの下はあやめのよい隠れ家となった。

どうしてもあやめを連れ出さなければならない時は、ゆっくりと折りたたむ。あやめは、自然にベッドの下から追い出される形になり、そこをすかさず捕まえてリードをかけ、動物病院に連れていくことができるようになった。

長女も「のびのび眠れる」と、意外なところであやかった恩恵にとても喜んでいた。

我が家に連れてきてから約二ヶ月後、よほど乱暴にドスドスと歩いたり、驚かしてしまうような素早い動きをしないかぎり、あやめは人がいてもベッドの下に隠れることはほとんどしなくなった。

だが、長男が部屋に入るとすかさずベッドの下にもぐり込む。

「あーちゃん、こっちにおいで。こっちこっち。怖くないでしょう？　何もされてないじゃないの」

ベッドに座っている長女が、あやめを呼ぶ。あやめは用心深くあたりを見回すと、隠れていたベッドの下から這い出し、ササッと長女の胸に飛び込んだ。

「あーちゃん、それじゃあまるで野犬みたいでしょう。あーちゃんはうちの子なんだよ」

長女は、ため息に似た吐息をゆっくりと吐き出しながら、そう言った。

「恵理奈、それ、野犬みたいな行動じゃないよ」

「えっ、そうなの？」

「和成（かずなり）、悪いけど、ゆっくりとあやめに手を伸ばしてみて。恵理奈はあやめが逃げ出さないように押さえて」

長女は抱き方をかえて、再度、あやめをしっかりと抱いた。それを受けて長男が、あやめに向かってゆっくりと手を出す。少しずつあやめに長男の手が迫る。あやめは慌てて逃げ出そうともがいた。しかし、その体は長女に押さえられている。

「まだ？」

あやめのただならぬ態度を心配した長男が聞いてきた。

「まだ」

私は静かに答えた。長男は、さらにゆっくりとした動作であやめに手を近づける。

次の瞬間、

「キャンキャンキャンキャーーン」

あやめは悲痛な鳴き声を発し、その体がプルプルと震えはじめた。

「やめっ」

私の言葉と同時に、長男は素早く手を引くと、ことの次第を察して部屋を出ていった。

「何……今の……。和成、あやめに触れてないじゃない」

半泣きになった長女が質問してきた。

「あのね、あやめは男の人がすごく怖いんだと思う。今までどうだった？　和成が入ってきたら、あやめ、隠れていたんじゃない？」

「そういえば……そうだ……。ベッドの下に逃げ込んでた」

長女は、この二ヶ月を振り返るように言う。

「それにさ、ちょっと見てて」

私は、長女の胸のなかで震えているあやめの目の前で、サッと手を振り上げてみる。

とたんにあやめは、両目をつぶり、首をすくめ、小さな体をさらにちぢこませた。

「殴られていたんだ……」

長女が言った。

「うん、たぶんね」

この日を境に、あやめの心のリハビリを始めた。怖いと思う人物を遠ざけることはしない。毎晩、長男に、あやめが悲鳴をあげる手前まで、静かに手を伸ばしてもらった。

「あやめ、あやめ。俺、何もしないよ。怖くないよ」

長男は、とても優しい声であやめに話しかける。私には一度もそんな声で話しかけてくれたことなんてないくせにと思いながら、あやめを抱きしめる長女と、拒まれても拒まれてもあきらめない長男を、私は静かに見守り続けた。

「今夜はおやつだ。お母さん、犬のおやつ、ちょうだい」

長男がやってきた。

「あいよ」

私は、長男に数枚のビスケットを渡す。さて、どうなるか……。私の部屋は長女の部屋の隣だ。壁が薄いもので、二人のやりとりはよく聞こえる。

耳をすましていると、長男の猫なで声が始まった。その数分後……、私の部屋のドアが開き、顔を昂揚(こうよう)させた長男が、興奮気味に入ってきた。

「お母さん、やったよ!!　あやめがさ、おやつを食べたんだ！」

「よかったじゃない。丸々三ヶ月かかったね。よくやり通した。おめでとう」

「やったよ、うん、やった」

長男は自分に言い聞かせるように「やった」と何度もつぶやくと、部屋から出ていった。二人はとうとう、傷ついたあやめの心を癒したのだ。

この経験は、これからの二人が歩く長い人生の上で、大きな何かを残してくれたに違いない。長女十八才、長男十三才の時のことだった。

あやめはこの後、長男が部屋に入っても、ふれても、逃げたり隠れたりはしなくなった。


まだ心のリハビリが終わっていなかった頃、あやめは長男がいなければベッドの下から出てくるようになり、やっと先住犬の群れに関われるようになっていた。そこで初めて、あやめは私たちにその本質を見せてくれた。

幾度か子育てを経験したであろうあやめの、小型犬たちに対する態度は実におもしろかった。チワワが子犬に見えるらしく、自分よりも年上のチワワの動向に目を光らせていたのだ。

チワワがベッドから下りたり、他犬とちょっとした争いを起こすなど、あやめのなかでこれは危険だと思えることが起きると、即座にその犬のところに飛んでいき守ろうとする。

一度は、ベッドから下りたチワワの首を、母犬が子犬にする時のようにくわえようとしていた。当のチワワに「ガルルルルル」と怒られて、シュンとしていたが。

「あやめ、そりゃ無理だわ。だってその子、あやめよりたぶん年上だよ。八才だもん」

私と長女は、あやめの優しさに感心しながらも、微笑ましいその光景に目を細めていた。

その頃から、あやめの別の本質も見えはじめる。

「あやめ、爪切りするよ」

長女があやめを抱きあげ、爪切りをしようと前足を持った時だ。

「ヴー……」

一瞬、低く唸ると、次の瞬間、あやめは長女の手にガブッと噛みついた。

「いつつ。あやめぇぇ、今、何をしたぁ！」

長女は、大きな声を張りあげる。

「お母さん、あやめ、権勢症候群の気があるから。今日からみっちり服従訓練するね」

憮然とした表情で長女が言った。

「はい、よろしく」

私は即答する。長女は、小学六年の時から、犬の訓練にたずさわっている。高校生の頃には、長女が訓練した保護犬のアイリッシュ・セッターを里子に出したが、里親家族が出会った訓練士がその子を見た時に、

「アイリッシュ・セッターはなかなか難しい犬種なのに、誰がここまで訓練したのですか？　訓練競技会に出場させたい」

と言ったほどの腕前である。

何かわからないことでもあれば、私に聞いてくるだろう。私は、あやめの訓練の全てを長女にまかせた。果たしてあやめの権勢症候群は……、わずか数週間のうちに完治した。

「さすがだね」

笑顔で長女に言うと、

「噛みつかれたままでいるなんて、たまったもんじゃない。それに、私の上位に立って私を守るより、私の下位で私に守られる生活のほうがいいでしょ」

長女はあっけらかんとそう言った。我が娘ながら脱帽。親がしっかりしていないと子どもはしっかりするものだと聞いたことがあるが、まさにその通り。子どもたちには申し訳ないが、しっかりしてない親でよかった（笑）。


あやめのフィラリア治療は、主治医と相談し、フィラリアの成虫が死ぬまで待つといった方法ではなく、積極的に殺すという処置をとったので、半年で完治した。

完治してしまえば、もうどんなに運動しても平気だ。

収容所から連れ帰った当日、五・三キロしかなかった体重も七キロまで回復し、少なくてもあばら骨は浮き出なくなった。本来なら、後少し体重を増やしたいのだが、後ろ足に膝蓋骨脱臼があるために、少し痩せ気味の体格になるよう調節した。

フィラリア症完治後、狂犬病の予防注射と混合ワクチンを接種する。同時に運動や散歩を始め、室内ばかりで過ごしていた頃よりもだいぶん筋肉がついた。この時期に、鼠径ヘルニアの手術を受けた。

麻酔をかけるのなら一度のほうがいいでしょうと、避妊手術も同時に行う。両足のつけ根とお腹を切ったため、あやめのお腹には、小の字と同じ縫い目ができ、その見た目は痛々しかった。

しかし、手術から十日後、抜糸すると、なんともせいせいとした顔でドッグランを走り回ったのである。あやめは完全外飼いで、殴られてもおり、ほとんどかまってもらっていなかったらしい。ずぼらな飼い主でも「座れ」や「お手」くらいは教えているものだが、それすらも、もちろん他のことも、本当に何一つできることはなかった。

長女は、あやめの服従訓練をするのと同時に、トイレは決まった場所でするとか、人間の物で遊んではいけないなどといった室内での暮らし方や、「座れ」、「待て」、「来い」、「伏せ」を教えた。

外で運動できるようになると、さらに、「立って待て」、「来い」、脚側行進、脚側停座、座って待たせ、「来い」と命令したら戻り、人の前で止まって座り、見上げてアイコンタクトをとるか、または人の右側を通り後ろをグルリと周って、左側について座りアイコンタクトをとる、などを教えていった。

あやめは一つできるたびに、これでもかと大褒めされた。長女の最上級の笑顔というオマケつきだ。それが功を奏し、あやめは嬉々として、次々に色々なことを覚えていった。

私は正直なところ、長女がここまであやめに教えるとは想像していなかったし、また、あやめもここまで覚えられるとは思っていなかった。ごめんなさい、素直に謝ろう。

今、あやめは、スクールや講演会などに出向いた時に、皆さんの前でデモンストレーション犬（しつけの見本となる犬）として活躍してくれている。もちろん、あやめを動かすのはトレーナーである長女だ。

講演会は、大勢の方々に見られながら壇上で動く。あやめは時々、過去を思い出すのか、うまくできなかったりもする。

男性に対して強い恐怖心を剥き出しにして、身を震えながら逃げまどっていた心の傷は、三ヶ月かけて癒した。だが、殴られてもいたあやめの過去はつらく根深い。そんな過去を思いやる長女は、できないあやめを決して叱らない。

あやめが緊張してできない時、壇上の私は、

「今日は、お集まりいただいた方々があまりにも美男、美女なものだから、あやめちゃんも緊張して調子が悪いようです。いつもは、本当に何でもできるすばらしい子なんです」

と、フォローする。すると、皆さん、拍手をしながら優しく許してくださる。本当にありがたい。

二人のお互いを思いやる温かいコンビネーションは、あやめを我が家に迎えた五年前から、何一つかわることなく、今も続いている。

あやめ専用に買った革のリードを、長女が握った。

「さあ、あやめ、できない犬はいない。あやめがそうだったように、教えれば何でもできるようになるって、みんなに見せてあげよう」

「ワン！」

二人の心が、ピタリと重なる。今日も明日も明後日も、二人はスクールに参加している生徒の前で、元気に歩いてくれるだろう。

恵理奈、私が勝手に連れてきたあやめを、ここまで育ててくれて本当にありがとう。

心から感謝します。

あやめ、私と出会ってくれてありがとう。今年あなたは推定十才になるね。真っ黒だった鼻周りが、白くなった。何より元気で、温かい日々を過ごしてね。

ああ、あやめの側に行きたくなった。読んでくださっている皆さん、すみませんがちょっと離席します。あやめを、抱きしめさせてください……。

（二〇一五年、推定十六才であやめは天国へと旅立った。たくさんの喜びをくれたあやめに、心からの感謝を伝えたい。）

第九話　虐待をこえて、幸せを手に入れる

「篠原さん、繁殖業者がね、廃業するって約束したのよ。それで、繁殖犬たちをレスキューしたいんだけど、手伝ってもらえませんか？」

ボランティア活動をしている知人から連絡があった。

体重八十五キロ、立ちあがれば二メートルを超える巨体の持ち主であったグレート・デーンの十兵衛と蓮、体重は二十四キロしかなかったが体高はあり、大型犬の部類に入るアフガン・ハウンドのカイザー、そして、中型の雑種犬のくろ。

彼らを次々と亡くした我が家は、大型以上の犬たちがいなくなり、ほかに犬はたくさんいたのだが、なぜか閑散(かんさん)としていた。そこに舞い込んできた話である。これも何かの縁と、私は引き受けることにした。

「一時預かりはできるけど、今ちょっと忙しくて新しい家族探しはできないの。それでもいい？」

「うんうん、一時預かりをしてくれれば、新しい家族はこちらで探します」

「それなら預かりますよ」

こうして私は知人の手伝いをすることになったのだが、この繁殖業者は、やはりこの知人を通って我が家に来た、脳神経障害と視覚障害がある小型犬の雑種、夕羅の出元だった。

この業者は商売をたたむことを約束したうえで、ボランティアの方々が犬たちの保護をしていた。それに私も協力していたのだが、こういった場合はとても珍しい。縁あって私の手元にきた犬猫を保護するので精一杯だからだ。

同じ理由から、これから手放すという飼い主がいる場合でも、よほどの事情がないかぎりご自分の力で新しい家族を探すようにしていただく。たとえ好意から、飼えないのに保護した犬猫であっても、その方の意思で保護をしたのだから、ご自分で対処してくださるようにお願いし、私が引き取ることはしない。

だが、新しい家族探しはどのようにしてすればいいのか、保護した犬にはどんな処置が必要なのかなどは、私の知っているかぎりのことをお伝えしている。

犬や猫を保護した場合の対処法を、少しお話ししよう。犬好き、猫好きの方ならば、いや、たとえそうではなくても、捨てられている幼い命を見つけたら、何とかしてあげたいと思うのは当たり前の気持ちである。こういった気持ちが持てなかったら、逆に少し考えねばならないと思う。

子犬の場合、まずは動物病院へ連れていく。どんな健康状態なのか、何か病気はないか、怪我はしていないかなど、色々なことを診てもらわねばならない。

この時の費用は、地域によって格差はあるが、平均すると初診料千〜千五百円、検便千五百〜二千円、犬パルボに感染していないかの検査が二千五百〜三千円。

これらの検査を受け健康であると診断された場合、混合ワクチンを接種するので、これが七千〜一万円。合計、一万二千〜一万六千五百円ほどかかる。

検査の結果、寄生虫に感染していた場合は駆虫しなければならないし、必要なら血液検査が入り、これは三千五百〜四千円ほど。ほかに、病気や怪我があれば、もちろんここに治療費が加わる。

私が預かる場合は、これらの費用の一部を子犬の新しい飼い主さんに負担していただき、そのお金は次に保護をした子犬に使わせていただいているが、治療費や保護中にかかる食費などは全て私が支払う。

成犬の場合もかかる費用はほとんどかわらないが、どんな性格なのか、悪いくせがないかなどを把握するので、預かり期間は最低でも三ヶ月、噛みつきぐせなどが見つかれば治すので、さらに長くなる。

また、繁殖させないために、避妊、去勢手術も行う。なかには、避妊、去勢手術にかかる費用を出し渋り、すでに手術のすんだ犬がいいと言う方がおられるので、施術した場合はこの費用もいただいている。その他、トリミングをしたりその犬に合うサークルやケージなど、犬具も必要になる。

猫の場合は、猫パルボ、猫エイズ、猫白血病のキャリアになっていないかどうかの検査をするので、八千～九千五百円ほど犬よりもよけいにかかる。

また、繁殖力が強いし、オスのスプレー（縄張りを主張するために後ろに飛ばす尿）はかなり強いにおいを発し、衣服につくとなかなか落ちない。それを防ぐために、早々の避妊、去勢手術をしなければいけない。ただし、スプレーは、施術してもまったく治らない子もいるからご注意いただきたい。

何冊か著書を発刊させていただいたせいか、私が犬猫の保護をしていると知っている方が多く、最近では月に四～五件の割合で犬や猫を引き取ってほしいという話が来る。その全てが、飼っている犬や猫を手放したいという方か、保護したが自分では面倒が見られないという方からのものだ。

捨てられていたり、収容所に収容されていた子など、飼い主がいない犬猫たちの場合は、新しく家族に迎えてくださるご家族から、次にそういう境遇にいる犬猫たちに使わせていただくために、経費の一部負担をしていただいている。

だが、飼い主がいる犬猫の場合は、新しい家族の方に経費はいただかず、当然、手放す側の方に負担してもらう。しかし、負担していただけない場合は、健康であっても、前記しただけの費用や、病気や怪我があった時の治療費は全て私が負担することになる。

また、動物病院に連れていくのにも、往復の時間、待ち時間、診察時間を入れると一〜三時間はかかるものだ。その他、新しい家族がいつ見つかるかわからないから、その間は預からねばならないし、万が一、見つからない場合は、私が永久預かりをせねばならない。

それでも、私に話が来たのも何かの縁と思い、

「預かりや新しい家族探しができないのであれば、それは私がしましょう。でも、せめてその子にかかる経費は出していただきたい」

とお願いすると、とたんに黙り込む。

自分が手放したい、または、自分の意思で保護した子たちなのに、健康診断などの費用の話になると、なぜ黙ってしまうのか？

「自分の勝手で手放しますが、または、自分の意思で保護しましたが、新しい家族が見つかるまで預かることはできないし、面倒も見られません。診察代や治療費を出すのも嫌です。だから、篠原さんが全てやってください」

この方々の言っていることはこれと同じで、実に理不尽である。

先日もこんな人が来た。何のアポイントメントもなく、いきなり年配の男性が軽トラックに乗って訪ねて来て、

「飼っていた犬が十頭の子犬を産んだ。引き取ってちょうだい」

と、言う。庭に止められた軽トラックの荷台を見ると、大きなダンボール箱がのせてあった。正直、面くらってしまったが、健康であると仮定しても、混合ワクチン代を含めると、一頭に一万円近くの費用がかかることを説明した。

するると、

「それは篠原さんが出してくださいよ。うちじゃそんなに出せないから」

わずかな笑みを浮かべながら、この男性は私にそう言った。私は、とりあえず身元の確認をしようと思い、免許証を提示してもらう。住所を見ると、うちから車で二十分ほどのところ。

「近いんですね」

「新聞に載っていたろう？　それ見てきたんだ」

数日前、私が十年かかって書きあげ、収容所の写真を掲載した『天使になった犬たち』（オークラ出版）という書籍について新聞社の取材を受けた。その記事を見たのであろう。

「そうですか。でも、その子犬たちは私が産ませた子犬ではない。あなたの家で生まれたのにどうして私が責任をとらねばならないのですか？」

と聞いた。すると男性は、

「ボランティアっていうのは、ただで犬を引き取るもんだろう？」

と食ってかかってくる。私は思わずため息をついた。このまま帰せば、この人は十頭もの子犬たちを捨てるか、収容所に入れるだろう。でも、この場で引き取りますとは言えない。私はわざと、身元は確認ずみだということを再度知らせるために、

「うちから近いところにお住まいですね」
ともう一度言い、犬猫を捨てると五十万円以下の罰金刑なんですと伝えた。そして、
「うちの前に捨てられていたのなら仕方ありませんが、あなたの犬は引き取れませ
ん」
とつけ加える。そう言えば、きっとうちの前に捨てていくだろう、私はそう思った
のだ。
男性が帰ってから十分後、道路沿いの出入り口に出てみると、案の定大きなダン
ボールが置いてあり、そのなかには先ほど見た十頭の子犬が入っていた。
誰にでも油断はあるものだ。大丈夫だろう、そう思っていたが子犬を産んでしまう
時もあるだろう。無理を承知で保護してしまう時だってある。
でもそういう時にこそ、人間性が問われるものではなかろうか。間違いを間違いだ
と認め、できるだけの責任を負う、それが大人というものだ。
ちゃんとご飯はもらっているのだろうか、散歩はしてもらっているのか……、私は、
こんな男性に飼われている母犬に思いをはせた。
こんなことが起きないようにするため、繁殖計画がないのであれば、避妊手術を受

けさせてほしい。避妊手術は繁殖させないばかりでなく、生まれてから一度も生理が来ない時期に施術すれば、乳腺腫（乳ガン）の発病率を九十九・八パーセントも防ぐことができ、ある種の子宮の病気にはかからなくなる。犬により個体差はあるが、疑似妊娠をしたり、精神不安定になって攻撃的になることも防げる。

オスは、メスが発情したにおいで、興奮して凶暴になったり、いつもより吠えたりもする。逃げ出して交配し、子犬を産ませてしまう危険性がある上に、逃げ出さないにしても、禁欲状態は多大なストレスになるものだ。

また、前立腺肥大や前立腺腫瘍、肛門周囲炎、結石といった肛門周辺の病気の発病率を減らすなど、避妊、去勢手術には利点が多い。それらを再度確認した上で、獣医と綿密な相談をし、施術していただきたい。

業者から保護した犬、「遥」はチワワとして登録され、何度も子犬を産まされていた。もちろん、遥が産んだ子犬たちは、チワワとして売られている。しかし、チワワに少し詳しい方が遥を見たら、この子はチワワですと断言できないだろう。

近年、チワワが流行したため、爆発的に繁殖させられた。その結果、多くのチワワの容姿、性格が崩れ、遺伝性疾患も多くなった。だが、それにしても、遥のマズルと胴は、チワワにしては長すぎたのだ。

「チワワらしかったら、チワワ」なのではない。チワワは、チワワという犬種であって、「チワワらしかったら」、は通じない。

私は、遥がチワワであろうが、雑種犬であろうが、犬種にこだわりはしない。遥は「チワワに近い雑種」であろうし、チワワの要素をきっちりと兼ね備えた犬が父犬になれば、遥が産んだ子犬は、チワワとしても通じるだろう。

でも、もし父犬が遥の欠点を補えるような犬でなかったなら、チワワの子犬だと信じて買った人たちは、後々、ちょっと違うかもしれないと思うだろう。

世の中には、信じられない理由で犬を捨てる人がいる。

子犬を飼い、一週間もの間、その子犬を残して旅行した。帰宅したら子犬は死んでいて、「一週間独りにしたから死ぬなんて、買った時に店員は教えてくれなかった」と、ショップに怒鳴り込んだ人がいた。

飽きたからと、小型犬をゴミ袋に入れて収集所に出し、ガソゴソ動くゴミ袋を不審に思って袋を開けたら小型犬が入っていた。あの人の犬だ、と届けたら、「犬は生ゴミとして出せばいいんじゃないの」と言った人もいる。

その他、「ウンチ、オシッコをするから」「散歩をさせなきゃならないから」「毛が抜けるから」「大きくなったから」などという理由もあった。

まさか、と思われる方が多いだろうが、常識では考えられないこれらのことを理由にし、実際に犬を捨てた人々がいるのだ。遥の産んだ子犬たちが、チワワらしく育たなかったから、と捨てられないともかぎらない。また遥と同じように心臓疾患で生まれ、苦しんでいる犬と家族がいるかもしれない。私はそれが心配だった。


「うーん」

保護犬や愛犬たちを診てくださっている、かかりつけの獣医が唸った。にわかに心配になる。

「先生、何かありますか？」

「あのね、心臓の音、かなり悪いんですよ。一日お預かりして、エコー検査をしてもいいですか？」

「もちろんです。よろしくお願いします」

何だか、嫌な予感がした。

心臓が悪い犬は、二〇〇六年に亡くした超大型犬、グレート・デーンの十兵衛で経験しているが、投薬はもちろんのこと、日々、運動量や食事などの厳重な管理をしなければならない。

心臓に負担をかけないように太らせないのももちろんだが、かといって痩せすぎてしまわぬよう体重の管理もせねばならないのだ。定期検診もかかさず必要になる。それでも、いつ何時、急激に悪化するかわからないし、発作が起きて急死する場合だってある。どんな病気になったとしても心配だが、やはり、重要な臓器になればなるほど命に関わってくるので、私たちの心労も大きくなるものだ。

「先生、いかがですか？」

エコー検査を終えた遥を抱きあげ、私は結果を聞いた。

「この子、繁殖犬だったんですよね？」

「ええ、そうです」

「乳首も伸びてるし、何度も産ませられたんでしょうね。よく生きてたなあ」

先生の言葉に、ゾゾッと寒気が走る。

「心臓の弁には、左心房と左心室の間に僧帽弁、右心房と右心室の間に三尖弁の二つがありますが、そのどちらもダメで、左心房と右心房にかなりの量の血液が逆流しています。ここまでひどいと左心室も右心室も肥大していてもおかしくないんだけど、幸いこの子はまだ肥大はしていないので、これから投薬するとともに、体重管理と運動制限をしていってください。血管拡張剤は一生飲んでただきます。二ヶ月に一度はエコー検査を受けてください」

「わかりました」

私は遥を、こわれ物でも扱うかのようにソッと抱きしめ、帰宅した。

遥にはもう一つ、別の症状があった。まったく人を信用していないのだ。これは、ずっとケージに入れられ、人間との接触がほとんどない犬に見られる症状で、同じ繁殖業者から来た夕羅にもあった。他の犬たちのように甘えたり、誰かが帰ってきたのを喜んだり、膝にのったりなどはまったくせず、こちらに寄って来ることもしない。

「お母さん、どうやって遥の心のリハビリをしてあげればいいかなあ」

長女の言葉に、

「私は、遥は心臓が悪いし、遥の意思にまかせたほうがいいんじゃないかと思う」

「遥の意思？」

「うん。遥が近寄ってくるまで、こちらからは手を出さないの」

「抱くこともしないの？」

「だって、遥は人間に抱かれたいとは思っていないでしょう？」

「それはそうだけど……」

今まで何頭も、遥と同じように心を閉ざしてしまった犬たちの心のリハビリをしてきたが、待つということのほかに何らかの手だてをこうじてきた。それなのに、ただ黙って待てという私の言葉は、一緒にリハビリをしてきた長女にとって少し意外だったらしい。

「ここ数日だけど、遥を見ていると、遥にはかなり強い自我っていうか、プライドがある、そういう性格に見えるんだよね。そういう子にヘタに手を出してごらん。本当に嫌われてしまうと思う。くろに教えてもらった方法で待つということをしてみよう。それでダメだったら、何か考えよう」

「どれくらい待てばいい？」

「恵理奈、心の治療は始めたんだよ、時間はある。とりあえず三ヶ月、待ってみよう」

　今までたくさんの保護犬と暮らしてきたが、犬が本来持つ「地（じ）」というやつを出すまでに、だいたい三ヶ月かかる。それまでは、遠慮があったり、新しい環境に慣れるのに必死だったりと、なかなか地は出さないものだ。私はそれをよく知っていたので、三ヶ月待てと言った。

「三ヶ月ね。わかった」

「でも、いつ何時、どんな症状が出るかわからないから、観察はしていて」

「あいよ。まかせておいて」

　長女は軽快に答えた。

　遥はあやめと同じで、少し人間に慣れた野犬のようだった。フードボールからフードを何粒かくわえると、ササッと違う場所に持っていっては食べる。それを何度も繰り返すので、食べる時だけはケージに入れることにした。素早い動きは心臓に負担をかけるから、なるべくなら静かに食べてほしかったのである。

　長女は私のいいつけ通り、自らが遥に手を出すことはしなかったが、目線が合うと、

「遥、いい子だねー。こっちに来ていいんだよ」

と、日に何度でも声をかけ続けていた。

しかし遥は、いっこうに近寄ろうとしない。長女からそろそろ愚痴の一つも出るんじゃなかろうか、と思いはじめたある日のことだ。

私の部屋は家のなかでも一番奥まった場所にあり、茶の間やトイレ、玄関や台所に行くためには、長女の部屋を通らねばならない。その夜も、私はトイレに行こうと長女の部屋を通った。

長女は、早朝五時からお昼までの仕事をしている。起こさないようにと忍び足で通り過ぎようとした時、フッと長女のベッドを見た。

するとそこには、寝入る長女にはりつくように身を寄せた遥の姿があったのである。

私の足音に気がついた遥と目線が合ってしまい、隠れてしまうかと一瞬心配したが、遥は私をチラリと見ただけで、またピトッとその体を長女にはりつけた。

「恵理奈、あのさ、私、夕べ、とってもいいものを見たよ」

「えっ？　なになに？　いいものって何？　早く教えて」

「いやあ、恵理奈より早く見ちゃって本当にごめん」

もったいぶる私に、長女は早く早くとせっつく。

「仕方がないなあ」

と、私はニタニタしながら、夕べの遥の様子を話した。

「ずっるーーい。遥っちょ、なんでお姉ちゃんには見せてくれないのよおお」

長女は口先をとがらせながらそう言ったが、それからほどなくして、長女の膝に遥が座るようになったのは言うまでもない。

遥は今、厳重な健康管理のもと、他の犬たちに交ざり長女の膝とり合戦をしている。布団にもぐり込んで、長女の足を枕にしているらしい。


この繁殖業者から、チワワの雑種の遥、ポメラニアンの「梨羅（りら）」と「波月（はづき）」、ポメラニアンの雑種の「苺（いちご）」、短毛であるスムースコートチワワの「楽（がく）」と「恵（めぐ）」、シー・ズーの「大吉（だいきち）」の計八頭が来た。

夕羅はTさんが連れてきたが、後の七頭は私と長女が実際に現場に行き、連れ帰ってきた子たちだ。なかでもシー・ズーの大吉を見つけた時、私は足が震えた。

三段ほど段積みにされたケージが所狭しと置いてあり、ケージとケージの間をぬって歩いたのだが、狭くて真っ直ぐには歩けない。体を横にして、カニのように歩いた。糞尿と水でふやかしたドッグフードのにおいが混じり合い、すさまじい悪臭となって鼻をつく。思わず吐き気を催したが、必死になってそれをこらえた。

一頭ずつケージから出し、犬種と性別を確認し、繁殖業者が言う年齢を書き込み、写真を撮っていく。廃業する、そう約束したと聞いたから私はやってきたのだ。一頭たりとも残すわけにはいかない。繁殖業者は、意外と素直に犬たちの情報を言った。

「ん？　この犬は何だ？」

私は、私の後を歩いてきた長女に、思わずそう聞いた。これでも、かなりの犬種を知っていると思う。しかし、その犬は、まるで見たことがなかったのである。

全体的に黒に近い灰色で、ところどころにさらに濃い灰色の斑点がある。耳も目も口もなく、尾すら見えない。ただのフェルトの固まりだった。そこに五センチほどの足が見え、その爪は恐ろしいほどに伸びている。

足が短い小型犬といえばミニチュア・ダックスが有名だが、それとはまったく違う。これだけの体毛がフェルト状になっているならば、長毛種であろう。ミニチュア・ダックスにもロングコートはいるが、長毛種というよりも中毛種である。こんな風には伸びない。

その犬を見つめていた長女が、

「お母さん、この犬、シー・ズーじゃない？」

と、言った。

「ええっ、シー・ズー？　うそぉ」

シー・ズーはそんなに珍しい犬種ではなく、皆さんも見かけたことが一度や二度はあるだろう。シー・ズーとは中国語でライオンを示すが、それは光沢のある柔らかい、それでいて腰のある被毛（ひもう）が全身を覆った時に、小さな獅子（しし）に見えたことから名づけられた。

一般家庭で飼う時は、体の毛は刈り込み、尾はフワリとするように残し、シー・ズー独特の顔と耳が一体化して丸く見えるようなカットをすることが多いので、手入れはそんなには難しくはない。尾、耳のつけ根あたりに毛玉ができやすいので、それに注意してあげる程度である。毛色や模様に制限はない、が、こんな毛色は見たことがない。

「汚れか……」

私は思わずつぶやいた。本来の毛色が全くわからなくなるほど、汚れきっていたのである。掃除の行き届かない狭いケージのなかで、本来ならとても美しいはずの被毛は、糞尿で固まり団子状になってしまったのだ。

「いったい何色なの？」

目を皿のようにしてその犬を見ていた長女も、さすがに元の毛色の判断はつかない。

「この子。この子は私が預かる」

この繁殖業者に何年も足を運び、説得し続け、やっと廃業する確約を取りつけたOさんが、私の言葉を聞いて「えっ」と言った。側にいた繁殖業者でさえ「本当ですか？」と聞いてくる。

「篠原さん、この子、連れていくの？」

「うん。だっていずれ全頭出すんでしょ？　今連れ帰っても後で出しても同じだから」

「この犬、年寄りですよ」

繁殖業者が口をはさんだが、私はそれには答えなかった。

「新しい家族が見つからなかったらどうする？」

Oさんの心配はしごくもっともなことで、一番考えねばならない問題である。

「ダメもとで探してみるよ」

そうとしか言えなかった。見つからなかったら私の部屋に置く、そう思いながら。

その日、このシー・ズーと、他の六頭を連れて帰ると、私は、私が動物愛護学を教えているトリマーなどを養成する専門学校に、すぐに電話をかけた。

「大変に申し訳ありませんが、シー・ズーを一頭、丸刈りにしてほしいんです」

本来なら、まずは病気や怪我がないかどうか、獣医師の診察を受けてからトリミングをしなければいけない。でないと、病気や怪我がひどくなる危険性があるからだ。

しかし、むせかえるような悪臭には、とても耐えられそうになかった。それにこんな状態では、獣医師だって、大きな毛玉になった被毛が邪魔になり、心音も聞こえないだろう。

すでに学校は終了する時間になっていたが、事情を聞いた先生と一人の生徒が帰らずに待っていてくれた。

「まずは丸刈りにしますね」

「お願いします」

その子は私の見ている前で、先生と生徒の手によってどんどんとその毛をはがされた。まるで羊の毛刈り。分厚いコートをぬぐかのように、みるみると綺麗になっていく。

「白に茶だったかあ」

私は思わずつぶやいた。全体的に黒に近い灰色の部分は白、さらに濃い灰色の斑点は茶だったのである。シー・ズーのなかでも多く見られる毛色がここまでになるのに、いったい何年かかるのだろう。

パチン、パチン、パチン。鬼のように長く伸びきった爪を切ってもらい終了。いつもなら、シャンプーもしてもらうのだが、繁殖業者によるとこの子は十一才で、劣悪な環境で暮らしていたため病に冒されてもおかしくないと思い、その日は帰宅した。

翌日、他の六頭とともに動物病院に連れていく。次々と見つかる病気に、先生の顔が歪んだ。

「いったいどういう繁殖をさせたんだ」

憤慨したように先生は言ったが、それほどこの子たちは病気を持っていたのである。

先に来た夕羅は視覚障害と脳神経障害があった。

ポメラニアン二頭も、四肢の突っ張りやナックリング（足先が反転し、手や足の甲で歩いている状態）といった症状が出ており、先天性の脳神経症障害だった。この三頭は突然死という最悪の状況と隣り合わせであることを言い渡される。

遥には重い心臓病が見つかり、スムースコートチワワのオスの「楽」と、ポメラニアンの雑種の「苺」は、テンカン発作を起こした。

連れてきた犬のなかで、大吉と名づけたこのシー・ズーは最長老だ。

「十一才ですよね？」

再度先生に確認される。大吉には、何があってもおかしくはない。先生もそれを前提に診察してくれたのだが、

「あれ？　この子、心雑一つ、ないですよ」

「ええっ」

本当に驚いてしまった。心雑は、きちんと飼われている犬でも、老犬になれば少なからず出る症状だ。

「本当に十一才なのかなあ」

先生はそう言いながら、皮膚の伸び具合を診たり、口を開けさせて歯を診たりしていたが、「若くはないですねえ」と、ちょっと不思議そうな顔をする。

病気があったほうがよかったわけでは決してない。ただ、若い犬たちにあれだけの重篤な病気が見つかっていたものだから、大吉には、明日にでも逝ってしまいそうな病気があるに違いない、という思いにかられていたのだ。先生にかぎらず私もまた、拍子抜けしてしまった。

「耳の炎症だけかな」

隅から隅まで診てくださったが、耳ダニがいたくらいで、後は何の異常もなかった。

私が連れ帰ってきた子で病気がなかったのは、この大吉とスムースコートチワワの恵だけである。恵は早々に新しい家族探しをかって出てくれたTさんに引き取られたが、妊娠しているのが発覚し、帝王切開で子犬を二頭産んだ。

ピョンピョンと飛び跳ねながら抱っこをせがむ恵を、Tさんのご主人がとても気に入ってしまい、Tさん宅の子になる。

大吉はというと、病気こそなかったものの、十一才という年齢から、大吉を迎えてくれる家族はいないだろうと思っていたので、私は積極的には探さなかった。

しかし、後日、困った問題が生じた。それは、大吉の気の強さだった。

繁殖に使われていたオスには、気の強い個体が多い。発情したメスがいたらいち早く飛んでいき、他のオスを退けて自分の子孫を残さねばならないのだ。

気が強くなって当たり前なのだが、その性格は、ボストン・テリアの一心と葉音との抗争に発展していったのである。

ボストン・テリアは普段は穏やかだが、自分の縄張りを侵略されたと思ったら、徹底的に排除しようとするところがある。大吉は新参者なのにもかかわらず、一心の機嫌をそこねるような振る舞いをした。

怒った一心が大吉に飛びかかると、同群の意識が働くのか、葉音まで参戦し大吉を攻撃する。葉音は叱ればやめたが、知的障害のある一心は叱っても叱っても学習ができず、いつも大吉を怒りまくる。

大吉も早く降参すればいいのに絶対に後に引かないものだから、私がなかに入って仲裁せねばならなくなった。こうなってしまったら、一緒に暮らすのはとても難しい。

野犬ならば決着がつくまで戦うのだろうが、この子たちはどの子も私の愛犬で誰にも怪我はしてほしくなかった。

どうしたものか、そう考えながらスクールに参加していた生徒に話したら、その生徒があっさりと
「うちの子ではどうですか？」

と、言ってくださった。

「えっ、十一才よ？」

「いいですよお。うちの子たちも元は保護犬ばかりだし、大吉が増えても平気です」

その生徒には五頭の愛犬がいたが、その全てが元保護犬である。

「大吉はうちでいさかいを起こしています。もしそちらの犬たちに攻撃したら、すぐに連れてきていただいていいですから」

私はそう言って、生徒が住んでいる県まで大吉を連れていった。

向こうでもケンカをするのではないかという私の心配をよそに、大吉は、すんなりと生徒の愛犬の群れにとけこんでしまった。

「うそぉ〜」

と、拍子抜けするくらいに簡単に。生徒の犬たちのなかには大吉が傍若無人な振る

舞いをしても、怒る子がいなかったのである。

こうして、何か病気があるに違いないと覚悟したのにまったく健康体で、また新しい家族は絶対に見つかるまい、そう思っていた大吉が、一番早く我が家を去った。

何の犬種かわからないほど、ほうっておかれた大吉。たくさんの福があれ、とその名をつけたが、本当に大吉を引き当てた。大吉を新しい家族に加えてくださった生徒に、心から感謝する。


一方、重篤な心臓病が見つかった遥だが、次の検診時、私はずっと気になっていたことを主治医に聞いてみた。

「先生、遥なんですが、突然死の可能性はありますか?」

「ゼロではないけれど、前にも言った通り、まだ左心室も右心室も肥大していないから、それは大丈夫でしょう」

「よかった……」

何せ三頭も、突然死と隣り合わせなのだ。これ以上、そんな悲しい運命を背負わないでほしい。私は胸をなでおろした。

「先生、これは後天性ですか？　それとも先天性ですか？」

「今までまったく診察は受けていないのでしょう？」

「はい」

「となれば、先天的なものか、後天的なものかはわからないけれど、けっこう前からこうなっていたと思いますよ」

「そうですか……」

遥に、胸痛や息苦しさ、動悸(どうき)などがあるか否かは、今のところわからない。保護してからずっと観察を続けているが、そのようなしぐさはなかった。しかし、目の行き届かない夜中や、繁殖業者のもとにいた頃、どうだったかはわからないのだ。

出産とは、母犬の命も脅かす事態もある、大変なことだ。ましてや、心臓に重大な病気を抱え、また、わずか二・七キロしか体重のない遥にとって、それは本当に命をかけたものであったろう。それを何度も何度も繰り返されていたなんて……。

命がはなつ温もりを、輝きを、心で感じられる人でありたい。私は心からそう思う。

◎本書は、２００７年７月にオークラ出版より刊行された『愛と勇気を持つ犬達』を改題し、
加筆・再編集したものです。

文庫ぎんが堂

犬がくれた「ありがとう」の涙
ある保護犬ボランティアの手記

2017年2月20日　第1刷発行

著者　篠原淳美
写真　牧裕子、篠原恵里奈
ブックデザイン　タカハシデザイン室
編集　安田薫子
発行人　北畠夏影
発行所　株式会社イースト・プレス
〒101-0051 東京都千代田区神田神保町2-4-7 久月神田ビル
TEL 03-5213-4700　FAX 03-5213-4701
http://www.eastpress.co.jp/
印刷所　中央精版印刷株式会社

ISBN978-4-7816-7154-3

文庫ぎんが堂

すぐできる！　運がよくなる方法

植西　聰

この本で書いていることは、「今日からすぐにできる」ものばかり。読んで、ちょっと心がけるだけであなたの運がよくなっていきます。成功法則研究の日本の第一人者である著者が贈る、運がよくなる「考え方、生き方のヒント」。

定価　本体500円＋税

人生がうまくいく「脳」の使いかた

斎藤茂太

脳に「楽しい」「面白い」「うれしい」という刺激を与えると、快楽ホルモンがどんどん分泌されて、「辛い」「やりたくない」「イヤだ」という感情が解きほぐされていきます。うまくいくためのモタさん流「脳」の使いかたで、あなたも生き方上手に！

定価　本体600円＋税

すぐできる！　心のやすめ方

植西　聰

心の新鮮さを保ち、感受性を磨いておくためにも、気分転換のノウハウをたくさん蓄えておくことは、きっと役に立ちます。この本は、疲れた体をすーっと楽にしてくれて、あなたの心に新しい風を送り、清らかな水を注いでくれることでしょう。

定価　本体648円＋税

文庫ぎんが堂

うつを見つめる言葉
曽野綾子

定価 本体505円+税

みずからが8年間もの長い間、不眠やうつに苦しみながらも、危機を乗り越えてきた著者だからこそ伝えられる、「自分の心」と上手につき合う方法。あなたが必要としている言葉が、きっと見つかります。

人生によく効く70の言葉
斎藤茂太

定価 本体648円+税

ユーモアあふれる発想で人生を愉しみ、日々を充実して過ごすための工夫や、いくつもの言葉を残してくれたモタさん。本書に収録されたモタさんの言葉は、「良薬」のように人生のあらゆる場面で効いてきます。直筆のメッセージも掲載したモタさんの集大成的一冊。

なぜあなたは「愛してくれない人」を好きになるのか
二村ヒトシ

定価 本体667円+税

「このやさしさ! 男なのにどうしてここまで知ってるんだっ!」(上野千鶴子)ほか、信田さよ子、白河桃子など女性問題の第一人者も絶賛! 「心の穴」と「自己肯定」をキーワードに、なぜ「楽しいはずの恋愛」がこうも苦しいのか、の秘密に迫る。

文庫ぎんが堂

頭がいい人の「がんばらない」生き方
斎藤茂太

定価 本体600円＋税

いまや「うつ」は7人に1人がかかる時代。でもご安心を。ストレス社会に生きるあなたのための、モタさん特製の「こころの処方箋」があります。さあ、肩の力を抜いて、「がんばらない」生き方をしてみませんか。

ヘンな間取りGOLD
ヘンな間取り研究会

定価 本体552円＋税

入れない部屋、無駄な収納、なんにもない部屋、忍者屋敷のような隠し部屋、極小のトイレやバスetc.「なんでこうなっちゃったの!?」「どうやって住めばいいの?」と思わずにはいられない、おかしな間取りの数々をどうぞ堪能して笑ってください。

ヘンな校則
ヘンな校則研究会

定価 本体476円＋税

社会に法律があるように、学校にも規則＝校則があります。本書ではその中から、「なんでこんな校則ができたんだろう?」「誰が守るんだろう?」と首をかしげたくなるような、バカバカしくって、思わず吹き出しちゃうような日本全国の校則を集めました。